新版 アパレル素材の基本

鈴木 美和子

・

軽部 幸恵

・

徳武 正人

・

三代 かおる

主な生地の種類

  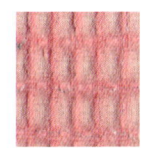

無　　地 (Plain)	霜　降　り
チョークストライプ　(Chalk stripe)	ペンシルストライプ (Pencil stripe)
ダブルストライプ (Double stripe)	ダイヤゴナルストライプ (Diagonal stripe)

縞 （Stripe）	ピンストライプ （Pin stripe）
ロンドンストライプ (London stripe)	ブロックストライプ (Block stripe)
よろけ縞風	子持ち縞

かつお縞	滝　縞
ヘリンボーンストライプ (Herringbone stripe)	ギンガムチェック (Gingham check)
ガンクラブチェック (Gun-club check)	ブロックチェック (Block check)

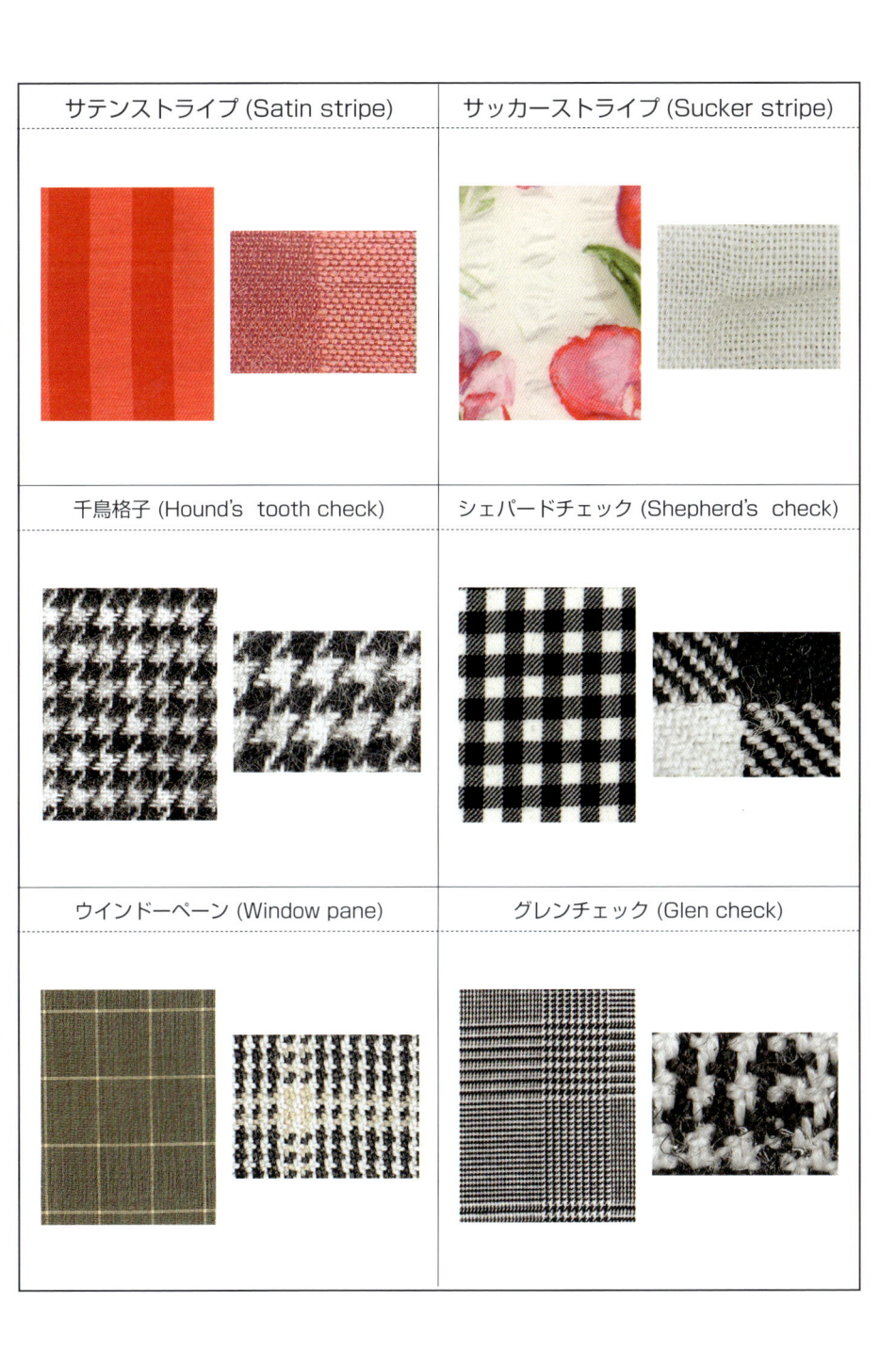

サテンストライプ (Satin stripe)	サッカーストライプ (Sucker stripe)
千鳥格子 (Hound's tooth check)	シェパードチェック (Shepherd's check)
ウインドーペーン (Window pane)	グレンチェック (Glen check)

マドラスチェック (Madras check)	タータンチェック (Tartan check)
弁慶格子	翁 格 子
蜂 巣 織 (Waffle Cloth)	搦 み 織 (Leno Cloth)

バスケットチェック (Basket check)	ハーリキンチェック (Harlequin check)
菊五郎格子	バーズアイ (Bird's-Eye)
ピ　ケ (Pique)	水玉模様 (Dot)

花　柄	アニマル模様

唐草模様	ペーズリー

和　更　紗	ろうけつ染め風

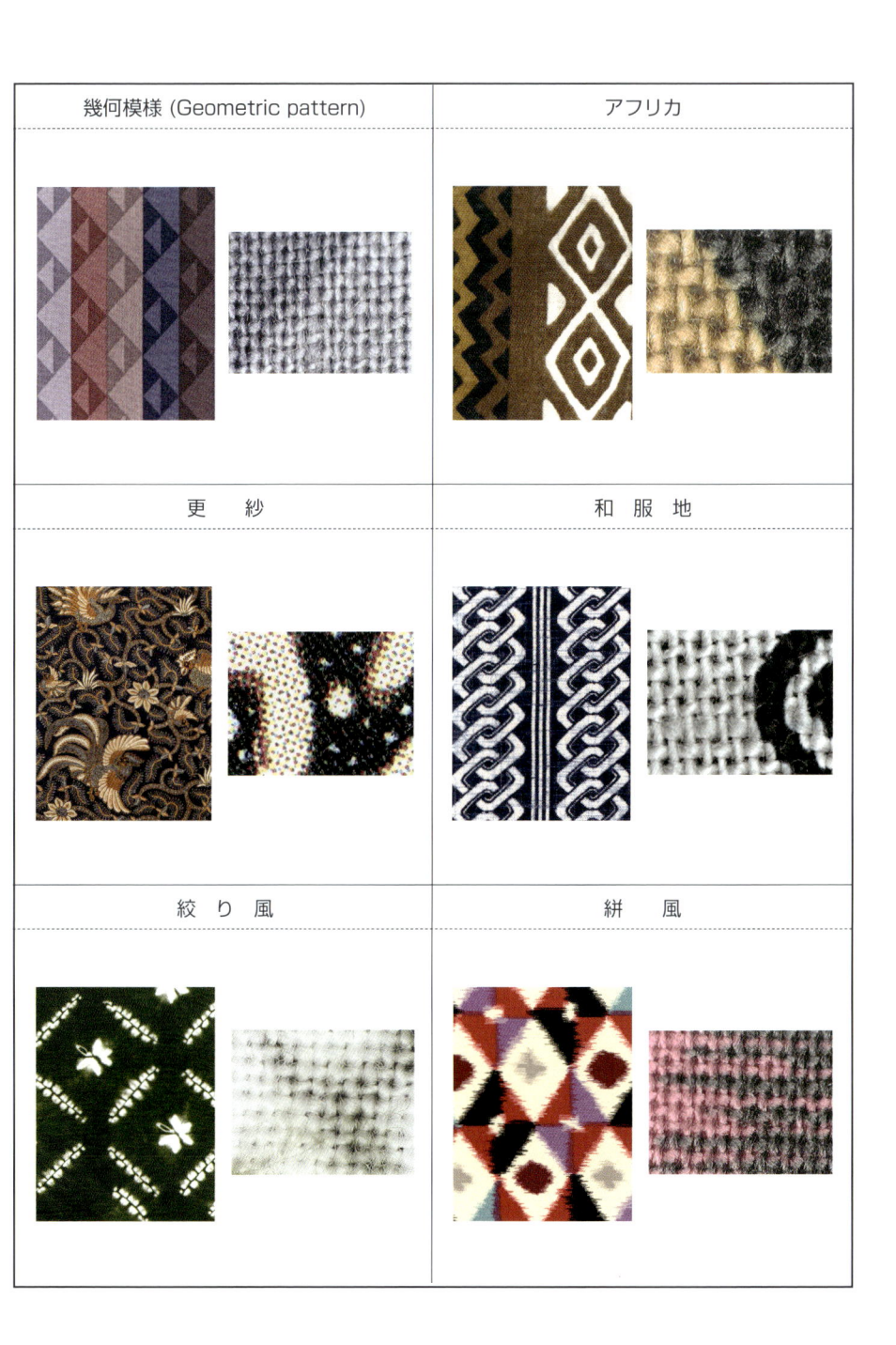

幾何模様 (Geometric pattern)	アフリカ
更　紗	和　服　地
絞　り　風	絣　風

絞り染め	絣

パネル柄 (Panel pattern)	ボーダー柄 (Border pattern)
リ　ブ　編 (Rib stitch)	鹿の子編

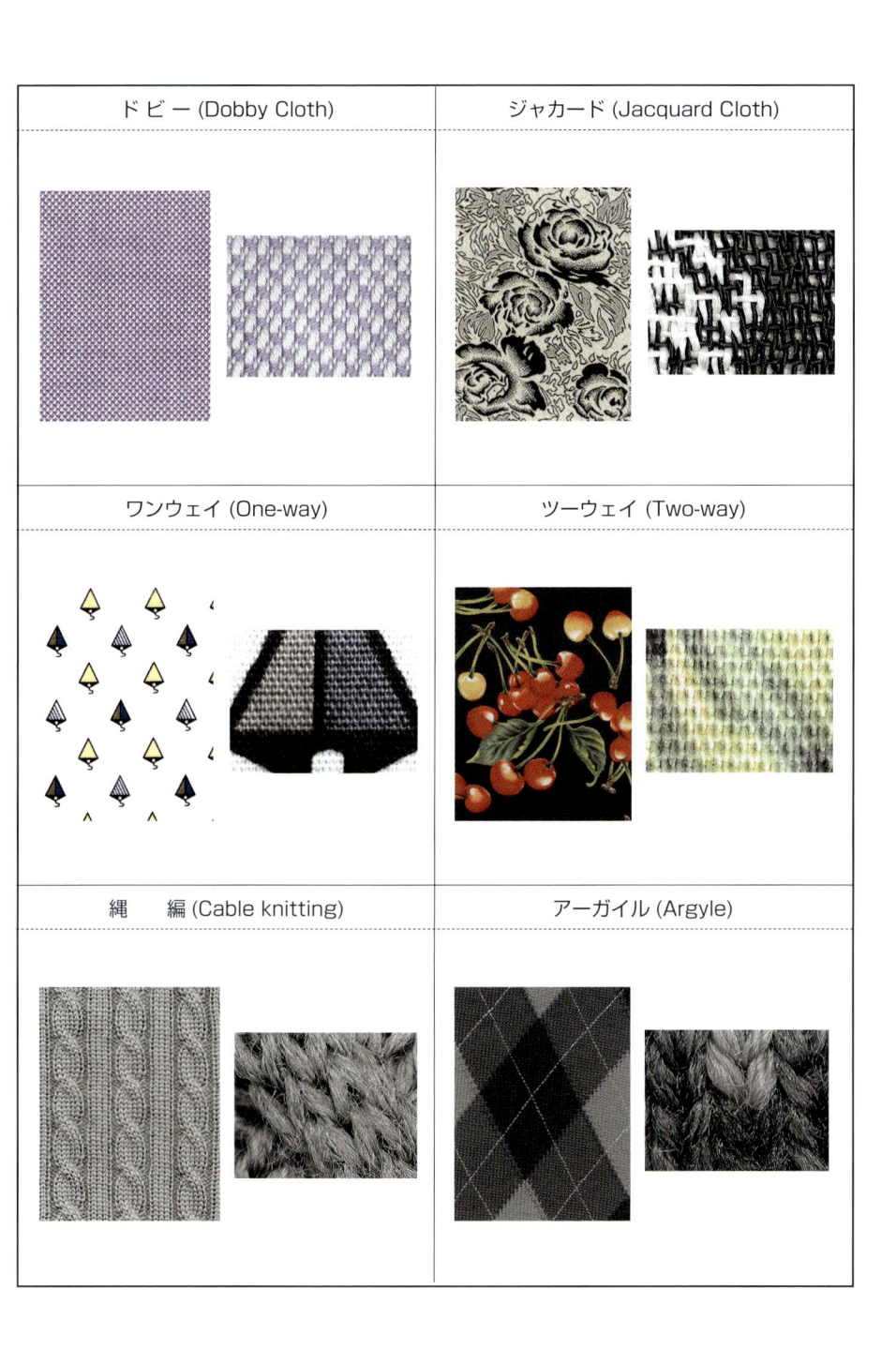

ドビー (Dobby Cloth)	ジャカード (Jacquard Cloth)
ワンウェイ (One-way)	ツーウェイ (Two-way)
縄　編 (Cable knitting)	アーガイル (Argyle)

レース	市　松
ダブルジャカード	袋ジャカード
振　り　柄	袋ジャカード

はじめに

　ファッション関係の専門学校や短大、大学あるいはアパレル産業界で既に仕事をされている方々に向けて、必要とされるアパレル素材の基本的な知識をまとめたのがこのテキストです。

　私たちが日常身に着けている衣服のほとんどが既製服（アパレル＝apparel）産業で製造された商品であるといっても過言ではないでしょう。特にレディスの既製服化率は高く、メンズも1970年代以降急上昇し、今日では2着まとめていくらといった具合にまとめ買いしたり、ネットで購入する時代となりました。

　それでは1日のワードローブから確認してみましょう。休養着（パジャマ、ジャージー）、外出着（カジュアルウェア、タウンウェア）、仕事着（スーツ）、スポーツウェアなどがあります。これらの既製服はどこで製造されているのでしょうか。少し前までは世界の工場といわれた中国が主流でしたが、今日ではアセアン諸国が台頭しています。また価格的には高くなりますが「made in japan」への回帰傾向も見られるようになりました。

　他方、製造の立場からも見てみましょう。海外生産といっても多くは企画を日本で行い、産地や製造国に指示書をネットで送信してモニターで確認して商品化します。しかしアパレル商品は布帛やニットなどの生地を材料とするので、その風合いまでは分かりません。アパレル商品はこのテクスチャーが重要です。風合いを生むのは元々の原材料やその製造プロセスに起因します。繊維から糸へ、糸から布へ、その後アパレル企業によって商品化されます。そのすべてのプロセスを指示する際には、専門知識が必要となります。

　本書は、旧版「アパレル素材の基本」を土台としていますが、これを大幅に改訂し新たに加筆することで「新版」としました。特に新しく"繊維から糸の章"を三代かおる先生に、"繊維の化学的側面から"軽部幸

恵先生に担当していただき、より分かりやすくまとめました。多くの方々
にご活用していただければ幸いです。
　末尾となりましたが、刊行にあたっては繊研新聞社出版部の山里泰氏
をはじめ同社の関係諸氏に心より感謝申し上げます。

杉野服飾大学 テキスタイルデザインコース

教授　鈴木美和子

もくじ

第3章 化学繊維

第4章 糸

第5章 織 物

第8章　染色・仕上げ加工

第9章　柄の種類

第 10 章　商品アイテム名と部分名称

新版
パレル素材の基本

第1章　アパレル素材とは

四季のある国、日本で暮らす私たちにとって、衣服（アパレル）は生活と深く関わっている。季節を感じ、楽しみ、表現するため、身に着ける衣服だけでなく、毎日生活する空間にも繊維製品は多数存在する。最も身近な繊維製品として、衣服の成り立ちを知り、衣服を構成している繊維の分類と性質を理解することが、すべての基本となる。

1　繊維からアパレルへ

　衣服を構成する主要材料は繊維である。しかし、繊維から直接衣服を作ることはできない。衣服は、この繊維を糸、生地、染色・仕上げ、裁断・縫製と多くの工程を積み重ねることによって作り出される。一般的な加工は次の通りである。

　繊維→紡績→糸→織物・編物の生地→染色・仕上げ加工→裁断・縫製→衣服

　上記は、生地の状態で染色する後染めの場合であるが、他に繊維や糸の状態で染色する先染めがある。これらの工程を経て様々な性質や機能を積み重ねて、多様な付加価値を持つアパレル製品が生み出されている。つまり、繊維から衣服への加工の工程は、繊維を集合させた1次元の直線の糸から、2次元の平面の布を構成し、さらに3次元の立体の衣服を製作していくことである。

　衣服材料の性質は、すべての工程に大きく関係するので、用いる繊維材料とその加工の組み合わせによっては、無限に近い衣服材料を作り出すことができる。求める衣服に適した繊維材料を選択するためには、材料そのものの性質を知ることが必要である。

衣服に至るまでの材料の形態と性質の変化

	1次元		2次元	3次元
	繊　維	糸	生　地	衣　服
基本となる性質	繊維高分子のもつ固有な性質	繊維の総合的性質	糸の総合的性質	生地の総合的性質
付加される性質	分子量や分子の凝集状態によって影響される性質。繊維の太さなど形状によって影響される性質	糸の構成上の因子によって発現する性質	生地の構成上の因子によって発現する性質	衣服の構成上の因子によって発現する性質

2　繊維の分類

　衣服を構成している繊維を、繊維の組成による分類と、繊維の形態による分類という点から説明する。

2-1　組成による分類

　私たちが現在衣料として使用している綿や毛、レーヨン、アセテートナイロンなどは、繊維の組成を示す名称である。これらの繊維は、天然の状態ですでに繊維の形態をしている天然繊維と、化学的な手段によって人工的に作り出す化学繊維の二つに大別される。

　天然繊維は、採取する原料によって主成分がセルロースである植物繊維と、主成分がたんぱく質である動物繊維に区別される。一方、化学繊維は人工的に作り出した繊維であり、用いる化学手段の違いによって再生繊維、半合成繊維、合成繊維の三つに分けられる。

　植物繊維である綿と麻は、主成分はセルロースなので化学構造は全く同じではあるが、植物としての成長する段階での違いにより、それぞれ特有の性質を持つこととなる。

繊維の分類

天然繊維 Natural Fiber

    植物繊維 Vegetable Fiber——┬——《綿》
                                    └——《麻》—亜麻またはリネン、苧麻またはラミー

    動物繊維 Animal Fiber——┬——《毛》—《羊毛》、《アンゴラ》、《カシミヤ》、
                                              《モヘア》、《らくだ》、《アルパカ》
                                      └——《絹》、《ダウン》、《フェザー》

化学繊維 Chemical Fiber　または　Man-made Fiber

    再生繊維 Regenerated Fiber

      セルロース系
        ├——《レーヨン》【ビスコースレーヨン】、《ポリノジック》
        ├——《キュプラ》【銅アンモニアレーヨン】
        └——〔リヨセル〕【精製セルロース】

    半合成繊維 Semi-synthetic Fiber

      セルロース系
        ├——《アセテート》
        └——《トリアセテート》

    合成繊維 Synthetic Fiber
      ├—— 脂肪族ポリアミド系《ナイロン》— ナイロン6、ナイロン66
      ├—— 芳香族ポリアミド系《アラミド》
      ├—— ポリビニルアルコール系《ビニロン》
      ├—— ポリ塩化ビニリデン系《ビニリデン》
      ├—— ポリ塩化ビニル系《ポリ塩化ビニル》
      ├—— ポリエステル系《ポリエステル》—〔ポリエチレンテレフタレート〕、
          〔ポリトリメチレンテレフタレート〕、〔ポリブチレンテレフタレート〕、
          〔ポリアリレート繊維〕
          《ポリ乳酸》—〔ポリ乳酸繊維〕
      ├—— ポリアクリロニトリル系《アクリル、アクリル系》
      ├—— ポリエチレン系《ポリエチレン》
      ├—— ポリプロピレン系《ポリプロピレン》
      ├—— ポリウレタン系《ポリウレタン》【スパンデックス】
      └—— その他—〔ふっ素系繊維〕
          〔ポリフェニレンサルファイド繊維〕、〔ポリイミド繊維〕、
          〔アクリレート系繊維〕、〔エチレンビニルアルコール繊維〕、
          〔ポリエーテルエステル繊維〕

          《　　》は、家庭用品品質表示法による指定用語
          【　　】は、別名
          〔　　〕は、JIS L 0204-2(繊維用語-原料部門-第2部化学繊維)に記載の用語

動物繊維である毛と絹は、主成分はたんぱく質ではあるが、それを構成しているアミノ酸の組成が全く違うので化学構造も異なり、独特の風合いや性質を作り出している。

　化学繊維の中で再生繊維は、天然の高分子物質であるセルロースを原料とし、そのままでは繊維の形態をしていないものを溶解後、小さな穴のあいたノズルから押し出して紡糸し、分子を再配列させて繊維の形を作り出したものである。従って、作られた繊維の主成分も原料のセルロースとなる。天然の高分子物質であるセルロースを溶解して繊維状に再生させるので再生繊維という。再生方法により、レーヨン、キュプラ、リヨセルがある。

　また、半合成繊維は天然の高分子物質であるセルロースに化学薬品を部分的に反応させて原料とし、これを溶解後繊維状に紡糸したものである。セルロースに酢酸を反応させているため、セルロースの化学構造は変化している。その割合によって、アセテート、トリアセテートがある。

　合成繊維は、分子量の小さな単量体を鎖状に長く重合させ、高分子物質として人工的に合成して作られる。ナイロン、アクリル、ポリエステルの生産が合成繊維全体の90％以上を占め、三大合成繊維と呼ばれる。合成繊維には様々な種類がある。

2-2　形態による分類

　繊維には、綿や羊毛などのように一本ずつの長さが数cmと短いため、紡いでつなぎ合わせて長くして糸にするものと、繭から取り出した絹のように連続した繊維で、引き揃えたり撚りをかければそのまま糸として使用できるものの2種類ある。前者は短繊維（ステープル　staple）、後者は長繊維（フィラメント　filament）と呼ばれる。絹は天然繊維で唯一の長繊維であり、他の天然繊維はすべて短繊維である。化学繊維はす

べて長繊維として生産できるが、用途によって数cmの長さにカットされた短繊維にもできる。化学繊維の短繊維は、ステープルの他「わた」と呼ばれる。合成繊維では、アクリルは短繊維、ナイロンは長繊維としての生産量が多く、ポリエステルは短繊維、長繊維同程度である。

それぞれに属する繊維は次の通りである。

（1）短繊維…綿、麻、毛、化学繊維を短くしたもの

特にレーヨンについてはスフ（ステープルファイバー）と呼ばれることがある。

（2）長繊維…絹、化学繊維

3　アパレル用繊維の性質

衣服を構成する基本的な材料は繊維である。その繊維に必要な性質を挙げてみると、まず、環境の変化にも左右されない安定的な固体であること。引っ張りや摩擦に強く、適度な弾性回復率があり、折り曲げにも耐えられること。そして何より、細くてしなやかで形や太さが均一であることで、人体の複雑な曲線に適応し、身体を覆うことができている。このような観点から、人類は吸湿性や保温性のある天然素材を、衣服材料として利用してきたのである。

繊維は細くて長いという形態的な特徴を持つ材料であるが、JIS では繊維とは「糸、織物などの構成単位で、太さに比してじゅうぶんな長さを持つ、細くてたわみやすいもの」と定義している。

(参考) JIS（Japanese Industrial Standard＝日本工業規格）により制定された JIS 規格では、繊維についての用語、試験方法、繊維製品や衣料品、糸について多くを定めている。

3-1 長さと太さ

　天然繊維の長さと太さは、産出地の地理的条件や気象条件によって差があるが、衣料に使用される繊維は、種類ごとにある程度固有の値を持っている。以下に主な繊維の長さと太さを示す。

繊維の長さと太さ

繊　維　名	長さ（繊維長）（mm）	太さ（幅）（μm）
アップランド綿（米国）	20 ～ 30	18 ～ 20
海島綿（西インド諸島）	45 ～ 55	16 ～ 17
羊毛（メリノ種）	75 ～ 120	10 ～ 28
絹	1000～1500(m)	10 ～ 13
亜　麻	25 ～ 30	15 ～ 17
苧　麻	70 ～ 280	25 ～ 75

（注）1 μm（マイクロメートル）＝ 0.001mm

　絹は長繊維なので、何本かの繊維を引き揃えたり撚りをかけるだけで糸になるが、綿や羊毛などの長さが数cmの短繊維は紡績の工程を経て糸になる。紡績する時には長い方が紡績しやすく毛羽立ちの少ない糸を作ることができる。

　天然繊維の太さはおおよそ数十μm（マイクロメートル）である。衣料用の繊維はより細くて長い方が、しなやかで柔らかい風合いの糸を作ることができるので、高級な繊維といえる。

　繊維の曲げ硬さは、繊維の断面を円と仮定した場合、その直径の4乗に比例する。例えば、ある繊維の直径が1の時の曲げ硬さを1とした場合、その直径が2分の1になれば曲げ硬さは16分の1になり、3分の1になれば81分の1になる。従って、繊維は細ければ細いほど曲げ硬さは急激に減少し、しなやかにたわみやすくなる。繊維を多数撚り合わ

された糸の場合も、それぞれの繊維は細い方が柔軟性が大きくなる。繊維は、短繊維でも長繊維でも細くて長い繊維が求められる。

3-2　強度と伸度

日常生活では、衣服着用時に引っ張る力が作用することが多く、引張強力を繊維の強度としている。繊維の上端を固定し、下端に次第に大きな荷重を加え少しずつ引っ張ると、繊維はそれぞれの特徴のある伸び方を示し、最終的には切断する。切断した時の荷重を引張強力、元の長さに対する伸びの割合を伸度または伸び率という。多くの繊維の伸度は10% 以上あるが、綿と麻は数 % で切断する。

引張強力は荷重の単位（g や cN など）で示すが、これを太さ（断面積）で割った強力を引張強度といい、g/mm や cN/mm で表される。繊維の引張強度は湿潤により減少するが、綿と麻は逆に増加する。

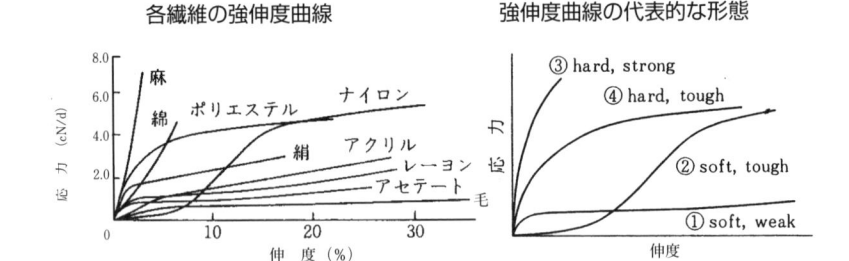

また、縦軸に引張強度、横軸に伸度をとった曲線を強伸度曲線（stress-strain curveS-S 曲線）という。S-S 曲線は繊維の長さや太さに関係なく、その繊維のもつ特徴を示すのでよく用いられる。

各繊維の S-S 曲線の形を大きく分類すると次の四つになる。

①柔らかく弱い（soft,weak）繊維で、切断までの伸度が大きいレーヨン、アセテート、羊毛。

②柔らかく強靭（soft,tough）な繊維で初期のヤング率が小さく、切断
　までの伸度と強度が大きいナイロン。
③硬くて強い（hard,strong）繊維の麻。
④硬くて強靭（hard,tough）な繊維で、初期のヤング率が大きく、切断
　までの伸度と強度の大きいポリエステル。
　なお、切断点までの曲線と横軸との間の面積は、仕事量（エネルギー）
を示しており、繊維の強靭性（toughness）を示す。強靭性は面積の大
きさと曲線の形で知ることができる。

（参考）ヤング率は弾性体に一定の変形（伸びなど）を与えるために、どのくらいの力
　　　を与えなければならないかを示す量で、その物質が有する定数である。伸び弾
　　　性率、弾性係数ともいう。一般には剛直性を表す数値であるが、繊維ではヤン
　　　グ率が大きい方が伸ばしにくい（剛直である）ことを示している。着用に最も
　　　関係する低荷重の指標とされる。

3-3　弾性と塑性（可塑性）

　一般に物体は外から力を加えると変形するが、力を除くと元の形に戻
る性質があり、これを弾性という。これに対し、力を除いても元の形に
戻らない場合、その性質を塑性または可塑性という。繊維、糸、生地、
衣服は完全な弾性体でもなく、また完全な塑性体でもない中間の性質を
持っている。
　繊維の場合は、温度と湿度の影響を受けやすい。このため、セルロー
ス繊維は湿潤によりしわがつきやすくなる。また、合成繊維は加熱によ
り軟化し別の形に変形するが、これを熱可塑性という。この性質により、
合成繊維の長繊維にかさ高加工、生地にはエンボス加工（型押加工）、
製品にはプリーツ加工などが行われている。
　繊維の弾性はヤング率で表される。伸びやすく弾性の大きな繊維はヤ
ング率が小さく、逆に、剛直で腰が強い繊維はヤング率が大きい。例え

ば、ヤング率の小さな羊毛は伸縮性があり、ヤング率の大きな麻は硬いので変形しにくく通気性があり夏物衣料に適している。

3-4 吸湿性と吸水性

　吸湿性は、繊維が水蒸気を繊維分子内部に吸収する現象である。そのため吸湿の程度は繊維分子の凝集状態、また繊維分子の化学構造に関係する。セルロース繊維は親水基である水酸基（-OH）を持ち、たんぱく質繊維も親水基であるアミノ基（-NH$_2$）やカルボキシル基（-COOH）、その2つによるアミド結合（-CONH）を持つので吸湿性や染色性に富んでいる。ポリエステルやアクリルなどの合成繊維は、親水基を持たないので吸湿性がほとんどなく疎水性繊維である。しかし、ナイロンにはたんぱく質繊維とほぼ同様のアミド結合があるので、合成繊維の中では比較的吸湿性がある。

　吸湿性は通常、繊維の乾燥後の繊維重量に対する標準状態（20℃65%RH）での繊維中に含まれる水分率で評価される。

　吸湿性が水蒸気に対する性質である一方、吸水性は毛細管作用によって、繊維の間隙に液体の水を吸い上げる現象である。吸水性は、繊維表面の状態や繊維内部の物理的な間隙の状況に関係する。

　また、繊維製品は重量で商取引されることが多く、繊維中に含まれる水分の量は大きな問題になる。そこで取引の公正を期すために、各組成繊維ごとに取引上の基準となる水分率が国際的に定められており、これは公定水分率と呼ばれている。公定水分率は標準状態における繊維の水分率に近い値になっており、吸湿性の大小を示すこととなる。。主な繊維の公定水分率は、綿8,5%、麻12.0%、羊毛15.0%、絹11.0%、レーヨン11.0%、ナイロン4.5%、アクリル2.0%、ポリエステル0.4%である。親水基を持つセルロース繊維やたんぱく質繊維は吸湿性が大きく、羊毛

が最大となっている。

3-5　繊維の性質と分子構造との関係

　アパレル繊維に必要な様々な性質は、繊維を構成している繊維分子の化学構造に大きく関係している。

（1）繊維の分子

　繊維はすべて高分子物質（ポリマー）からできている。低分子の化合物を単量体（モノマー）といい、この単量体を何千、何万と直鎖状（糸状、線状）に結合してできた鎖状高分子が繊維を形成している。綿、麻、レーヨンなどのセルロース繊維は、単量体のグルコース（ブドウ糖）が多数集まってセルロースという鎖状高分子を構成し、この多数の鎖状高分子が1本の繊維を形作っている。また、羊毛や絹などのたんぱく質繊維は、単量体のアミノ酸が多数集まってたんぱく質となり、このたんぱく質の集合体が1本の繊維となる。羊毛と絹それぞれを構成しているアミノ酸には多数の種類があり、その構成している割合も違うので、たんぱく質繊維はそれぞれが独特の風合いと性質を持っている。

　なお、単量体が長く連なることを重合といい、連結した単量体の数を重合度という。3次元や重合度が低い場合は繊維にならない。重合度がある程度高く、長い鎖状高分子になるほど繊維としての性能や強さなど優れる。従って、繊維となるのは分子量が1万以上となるため高分子物質と呼ばれ、重合度や分子量、また分子の凝集の状態は繊維の性質を大きく左右する。

（2）分子の配列

　繊維は多数の鎖状高分子が集まっているため、その凝集の状態が異なった　結晶部分と非結晶部分という2種類の構造をしている。つまり、規則正しく配列して、お互いに結びついた結晶部分と、不規則な配列で、

お互いに結びつかない非結晶部分が混ざり合って存在している。結晶部分は、分子同士が引き合う力が大きく分子は動きにくい。反対に非結晶部分は、引き合う力が弱く分子は動きやすい。結晶部分が存在することで、繊維は強く硬くなるといえる。また、水や水蒸気は、繊維の非結晶部分に入りやすいので、吸水性や吸湿性に大きく関わる。

　結晶化度は結晶部分の割合であり、結晶化度が大きくなると、繊維の性質 は次のように変化する。

　①強度は増大し、伸度は減少する。

　②硬さが増大し、柔軟性やしなやかさは減少する。

　③吸湿性、吸水性、染色性、が減少する。

　④寸法安定性は増大する。

　衣服材料として繊維には、この結晶部分と非結晶部分の両方が適度に存在することが必要である。結晶化度は、天然繊維では成長過程で決まっており種類により異なるが、化学繊維では製造過程の紡糸や延伸工程でかなり調整できる。

（3）高分子物質の化学構造

　高分子物質の化学構造中の親水基の有無は、吸湿性、吸水性、染色性といった繊維の性質に大きく影響する。親水基には水酸基（-OH）アミノ基（-NH$_2$）カルボキシル基（-COOH）　アミド結合（-CONH）などがあり、セルロース繊維は水酸基、たんぱく質繊維はアミノ基、カルボキシル基を含む。合成繊維は親水基を含まないが、ナイロンはアミド結合を含むので、合成繊維の中では吸湿性などは良い。このアミド結合は、たんぱく質繊維のアミノ酸同士の結合で起こり、この時はペプチド結合という。

高分子化合物の分子配列

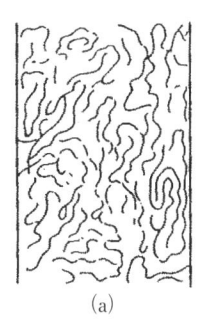
(a)
結晶部分がほとんどない
（ゴム）

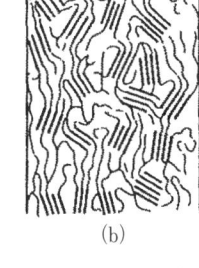
(b)
結晶部分が一定方向を向いて
いない（プラスチック）

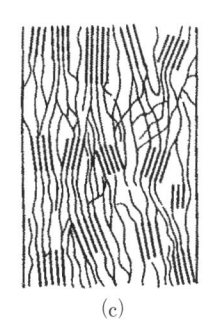
(c)
結晶部分が多く、しかも一定
方向を向いている（繊維）

セルロース繊維の重合度と結晶化度

繊維の組成	重合度 連結したモノマーの数	結晶化度（％）
綿	2800	70
レーヨン（F・S）	300	40
ポリノジック（S）	450 〜 650	45 〜 50
キュプラ（F）	650	50
リヨセル（S）	460	50

第2章　天然繊維

人類はなぜ衣服を着るようになったのだろうか。数十万年前は何も身に着けていなかったと考えられている。体毛を失った人類が気候に適応し、身体を守り、狩猟、農耕生活の便宜のために天然素材を利用していった。歴史上長く用いてきた天然繊維は、植物繊維の綿と麻、動物繊維の毛と絹がある。

1　植物繊維

　植物繊維には、現在も身近な繊維の綿と、人類が最も古くから衣服に用いたと考えられる麻がある。

1-1　綿（cotton）

　綿の使用は、はるか古代インドといわれ、ここから綿花の栽培や製法が広がった。イギリスでは、インドから輸入された綿織物が社会の変革を促し、産業革命を引き起こしている。日本では戦国末期に綿布が輸入され、一部の武士階級で使用された。その後国内で綿花の栽培が進み、17世紀後半（元禄時代）には一般庶民にまで普及し、それまで麻を使用していた用途が綿に代わっていった。

　20世紀に入ってから、急速に綿工業が発達し、日本は1933年から1941年、また1951年から1969年まで2度にわたり世界一の綿布輸出国としての地位を保ち、大正から昭和初期、また第二次世界大戦後の国内産業の近代化に大きな役割を果たした。綿は現在でも国内繊維消費量の約30％を占める重要な繊維である。

　綿花の主要輸入国は、アメリカ、オーストラリア、ブラジルなどである。

1-1-1　種類

　綿はアオイ科の種子毛繊維であり、種子の周囲をふわふわとした繊維が覆っていて、コットンボールと言われる。品種によって、天然のよじれの数や繊維長が大きく異なっており、3種類に分類される。

①長繊維綿…繊維長が28mmを超える繊維で、海島綿（西インド諸島産出）、エジプト綿、スーダン綿、ペルー綿などである。細くて光沢のある糸になるので、高級な綿織物が作られる。

②中繊維綿…繊維長が21〜28mmくらいの繊維で、アメリカ産出のアップランド綿、ブラジル綿、中国綿などである。世界の生産量の大部分はこの種類で、一般的な綿繊維として用途が多い。

③短繊維綿…繊維長が21mm以下の短い繊維で、インドやパキスタンの繊維である。デシ綿ともいう。太番手糸やわたなどに使用される。

　原綿は細くて長く天然の撚りの多いものほど高級であり、特に海島綿は繊維長が長くて細く、柔軟で最高級と言われる。なお、明治以降の綿糸生産の原料はすべて海外の綿花に依存し、各種の原綿を混ぜて綿糸を製造してきたので、混綿や混紡の技術が発達している。

1-1-2　構造と特徴

　コットンボールから採取された綿花には種子が含まれているので、これを取り除いて綿繊維だけにする。この中で長さ1cm以上の繊維をリントといい綿繊維の原料となり、紡績して糸にする。種子に残っている1cm未満の短い綿毛をリンターといい、わたや再生繊維の原料となる。

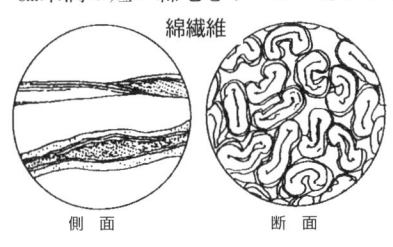

綿繊維

側面　　　断面

　繊維は長さ1~6cm、幅は0.02mmでリボン状でよじれがある。この天然の撚りは種類により異なるが、1本の繊維で80~120回あり、

紡績しやすく肌触りもよい。さらに、繊維の断面はそら豆のような扁平な形をしており、中空（ルーメン）を持っている。この中空部分には空気や水分が保たれるので、日光による繊維の膨らみと空気の膨張による保温性があり、吸湿性、吸水性ももたらす。この天然の撚りと中空は、綿繊維の優れた性質を生み出す重要な構造である。

　綿繊維の主成分はセルロースで、単量体はグルコース（ブドウ糖）である。これが重合してセルロースとなり、鎖状高分子を構成している。綿はセルロースの重合度が 2800、結晶化度は 70% で、レーヨンの重合度 300、結晶化度 40% と比較するといずれも大きい。つまり、強度は大きく丈夫だが、伸びにくい繊維である。レーヨンについて、綿とは違う性質になることもわかる。

　また、セルロースの化学構造を見ると、親水基の水酸基（-OH）をグルコース 1 個につき 3 個持っており、吸湿性と染色性に優れている。天然のセルロースの物理的構造をそのまま持つため、綿と麻だけが湿潤によって強度が増加するという特徴を持つ。

セルロースの構造

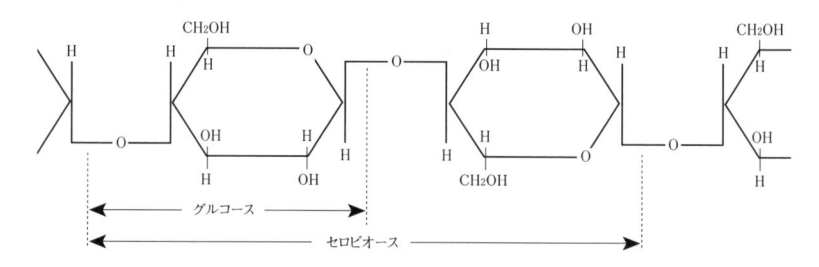

（参考）セルロースは数多くのグルコース（ブドウ糖）が 1 列に長く濃縮した鎖状高分子であるが、いずれも隣り合ったグルコースは 180 度回転した形で、上下が逆さになっている。（この一対がセルビオース）すべてが同じ向きに並ぶとでんぷんの構造式になる。

1-1-3 主な性質、改質と用途

（1）主な性質

①強くて丈夫だが伸びにくい。濡れると強度は 10% 程度増加するので洗濯に耐える。

②弾性度は低いので、しわや型くずれを生じやすい。

③分子中の水酸基（-OH）により吸湿性、吸水性、染色性がよい。

④ルーメンと天然の撚りのため、肌触りがよく暖かい。

⑤耐熱性があり高温でのアイロンがけが可能

⑥耐アルカリ性があるので、どのような洗剤でも使用できるが酸には弱い。

（2）改質への工夫

需要の高級化もあり、細くて光沢のある良質な糸ができる繊維が求められる。ポリエステルとの混紡により実用的な製品が多い。

さらに、綿に対する様々な加工も行われている。

①樹脂加工

綿、レーヨンなどのセルロース繊維は吸水により膨潤すると太くなる。織物の場合も、糸が膨らむことで織物の厚みが増し、長さが短くなるので収縮する。弾性度が低いので、厚みが増してできた屈曲は乾燥時にも残る。このような収縮やしわは、非結晶部分のセルロース分子相互がずれると考えられている。それを防ぐため、あらかじめセルロース分子鎖間に架橋を作り、弾性を高め、防縮性と同時に防しわ性も向上させる。

②サンホライズ加工

織物は一般にたて糸に張力をかけて製造される。水で膨潤するとそれが緩和されて元の形に戻ろうとして収縮する。綿織物に対しては、あらかじめ蒸気加熱して、たて方向の歪みに相当する分、収縮させる固定加工である。

③マーセル化加工

綿製品に光沢を付与する加工で、シルケット加工ともいう。濃いアルカリ溶液中に張力をかけた状態で1～2分処理すると、繊維断面が扁平から円形になり光沢を増す。結晶化度の低下により、吸湿性や染色性も向上する。

（3）用途

実用性が高く、衣料品全般、寝具類、タオルなど多くの分野で使用される。

1-2 麻 (linen、ramie)

麻は、繊維を取り出しやすく強くて丈夫であり古くから利用されていた。亜麻（リネン）、苧麻（ラミー）、大麻（ヘンプ）、黄麻（ジュート）、マニラ麻などがある。マニラ麻は植物の葉脈から、その他の亜麻や苧麻などは茎の表皮の内側の靭皮（じんぴ）部を採取する。衣料素材として用いられてきたのは亜麻と苧麻である。亜麻は古代エジプトでミイラの包衣に用いられるなど、エジプトや西洋で使われた。苧麻は東洋で使用され、日本でも「からむし」と言われ古くから用いられた。万葉集には河原で麻布を晒す歌が詠まれている。

麻は硬くて肌に密着しないので冬は寒く、その上栽培から織物にするまでの生産性が低い。そのため、江戸時代に綿花の栽培が広まるにつれ

亜麻繊維 　　　　　　　　　　　　　　苧麻繊維

側　面　　　　断　面　　　　　　　　側　面　　　　断　面

て急速に麻から綿に移ったが、現在では主に夏物衣料に使われている。

　亜麻の主な生産国はフランス、ロシア、中国など、苧麻は中国や東南アジアである。

1-2-1　構造と特徴

　衣料に使用される麻は茎の靭皮部を利用するので靭皮繊維といわれる。種類により繊維の形態は異なるが、断面は多角形で中空がある。側面はたてに筋があり、所々に節が見られる。表面は毛羽が少なく平滑で熱伝導性もよく接触冷感があり夏物衣料に向く。主成分はセルロースであるが、リグニンやペクチンなどの不純物を含む。

　亜麻は繊維が細くしなやかで綿に近い性質を持ち、吸湿性や放湿性に優れているが、いわゆる亜麻色で白くなりにくく発色性が悪い。一方、苧麻は繊維が太くて長く、コシや張りがあり絹のような光沢を持つので麻絹と言われる。品質の良い苧麻の織物は上布（じょうふ）と呼ばれ、越後上布、能登上布、宮古上布などが知られている。夏用の高級和服地となる。

　亜麻、苧麻ともに丈夫でシャリ感に優れているが、綿と比較して強度が大きく硬直で伸縮性に乏しい。また、しわになりやすく、染めにくいなどのためにその多くに綿が使用されるようになった。日本では亜麻糸の生産量が苧麻糸よりも多い。

1-2-2　主な性質と用途

（1）主な性質

　①非常に強く丈夫で湿潤により綿と同様強度は増す。

　②伸びにくくて弾性度も低く、しわになりやすいが張りがある。

　③熱伝導性が高く、接触冷感もあり夏物衣料に向く。

　④吸湿性、吸水性、放湿性に優れている。

（2）用途

　亜麻、苧麻は夏用服地、浴衣、テーブルクロス、バッグなど。　それ以外の麻は、麻袋、ロープ、ひもなどの製品。

2　動物繊維

　動物繊維は羊から採れる羊毛と、蚕の作る繭から採れる絹がある。羊毛の他の獣毛繊維にはカシミヤ（カシミヤ山羊）、モヘア（アンゴラ山羊）、ラクダ、アルパカ（ラクダ科）、アンゴラ（アンゴラうさぎ）がある。

2-1　羊毛（wool）

　はるか昔、中央アジアで牧羊が始まり、肉は食用として、毛は衣料や住居の材料として使用された。牧羊の生活様式は東西に伝えられながら羊の改良が進み、衣、食、住のすべてに役立つ重要な動物として大切に保護されてきた。現在でも世界で数億頭もの羊が飼育されている。毛織物を最初に作ったのは、数千年前のメソポタミアないし小アジアの人々と考えられているが、現在の技術に通じる毛糸や毛織物の新しい製法を確立したのは、近代のヨーロッパである。

　日本では安土桃山時代に毛織物が輸入されたが、本格的に使用され始めたのは明治になってからである。1879年（明治12年）、政府が毛織物工場を設立して軍服などを製造したが、これが既製服の先駆けとなった。

　現在は原毛を輸入し、羊毛の輸入国はオーストラリア、ニュージーランド、中国などである。

2-1-1　羊毛の種類

羊毛は古くから品種改良され、毛質によって分類される。

①細毛種…代表種がスペインで生まれたメリノ種である。世界で最も生産量が多く、日本での使用量の大部分を占めている。メリノ種は色が白く、適度に長く、クリンプの数も多い。

②中毛種…イギリスで改良された羊種で、チェビオット種、シュロップシャー種などがある。

③長毛種…イギリスで改良されたマルシュ種、リンコルン種など。

④剛毛種…粗い毛のモンゴル種など。

羊毛の種類は非常に多く、約3000種といわれる。新毛で繊維長が比較的長い羊毛は梳毛糸に使用され、繊維長が比較的短い羊毛は、再生糸などと混合して紡毛糸として使用される。

2-1-2　構造と特徴

羊から刈り取られた原毛は、1頭から約3~5 kgが採取される。脂肪などで汚れた毛を洗い、梳いてから長さにより梳毛（長い羊毛）と紡毛（短い羊毛）に分けられる。メリノ種で平均8 cmとされる。

羊毛は表皮と皮質から形成され、繊維の表面は、スケールといわれるうろこ（鱗片）状の表皮が毛先の方向に積み重なっている。スケールは水をはじいて濡れにくく撥水性があるが、水蒸気は通すので吸湿して膨潤するとふくらんで開き、吸湿しやすくなる。また、揉まれると先端部が互いに絡まってフェルト化（縮充）する。この性質を利用して羊毛に蒸気と力を加え、フェルトや織り組織の見えないフラノなどの生地が作られる。

皮質はコルテックスといわれ断面はほぼ円形で、バイメタルのように二つの半円形の異なる性質の細胞の集合体になっている。この部分は互いに化学的な性質が異なり、その性質の違いによって収縮に差が生じ、

その結果、羊毛特有の波状で立体的なクリンプ（捲縮）が生まれる。クリンプはメリノ種では 1 cm 当たり約 12 個あり、紡績しやすくなる。

　クリンプは羊毛に柔軟性や保温性をもたらし、さらに引っ張られたときにはクリンプが先に伸びることによって羊毛の強度の小ささを補っている。

　スケールとクリンプは、羊毛の優れた特徴を生み出す重要な要素である。細い羊毛ほど多い傾向にあり高級とされる。

スケールの形

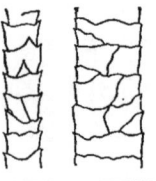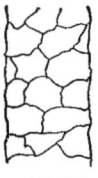

(a) 王冠状　　(b) 王冠網状　　(C) 網状

コルテックスの構造

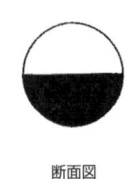

側面図　　　　　　　　　断面図

　羊毛の主成分はケラチンというたんぱく質で、ケラチンはグルタミン酸、シスチンなど約 20 種類のアミノ酸から構成される。シスチンは、硫黄（S）を含み、2 分子間に橋かけ結合（シスチン結合 -S-S-）しており、これが羊毛の伸縮性などに寄与している。羊毛は、クリンプの他にこのシスチン結合のため伸度が大きく、弾性が大きくしわの回復もよい。

羊毛繊維

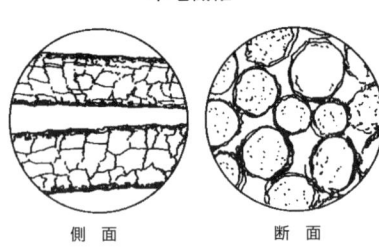

側　面　　　　　　断　面

　主成分のたんぱく質は、親水基のアミノ基（$-NH_2$）、カルボキシル基（-COOH）を持つため、衣料用繊維の中で吸湿性が最も大きい。

2-1-3 主な性質、改質と用途

（1）主な性質

①クリンプやシスチン結合のため、伸縮性に富みしわの回復もよい。

②表皮はスケールがあるので水をはじく撥水性があるが、皮質は親水基を持つため吸湿性、染色性が大きい。

③クリンプにより、かさ高く含気量が多く保温性がある。

④引っ張り強度や摩擦に弱いが、弾性は大きいので実用的な強度を補っている。

⑤スケールにより縮充性がありフェルト化しやすいので、その性質を利用することもできる。

⑥耐熱性は植物繊維より低く、アイロン掛けには注意が必要である。

⑦アルカリや紫外線に弱く、虫害も受けやすい。

（2）改質への工夫

①防縮加工

羊毛のスケールは、アルカリや水蒸気でフェルト化に利用することもできるが、逆に縮充を起こさないようにする加工がある。スケールの先端を削ったり、スケールの表面を樹脂膜で薄く覆うことで家庭での洗濯などが手軽になった。

②形態固定加工

羊毛は乾燥時には、しわがつきにくく折り目も消えにくいが、湿潤時はしわがつきやすく折り目も消えやすい。この折り目を半永久的につけるために、主成分のケラチンに含まれるシスチン結合を利用する。

シスチンの $-S-S-$ 結合を還元剤により切断し、目的の形にして酸化剤により再結合させるとその形が保たれる。

（3）用途

梳毛糸…薄手の紳士、婦人服地、セーターなどニット製品など

紡毛糸…厚手のオーバーなど、毛布、絨毯など。

2-2 絹（silk）

絹の利用は古代中国の揚子江流域で始まったとされる。繭から採れる生糸や絹織物は交流によって東西に広がり、西方には陸や海のシルクロードによって伝わった。しかし、中国は蚕の飼育法や繭から生糸を採る技術を秘密にしたため、長い間国外に伝わらず、人々はますます絹に憧れた。

日本にはその製法が比較的早く伝わり、3世紀には絹織物の生産が始まっている。日本での絹の生産は江戸末期から盛んになり、幕末の開港から第二次世界大戦まで、生糸や絹織物はその多くが欧米に輸出され、近代日本の発展のための外貨獲得に大きな役割を果たした。

美しい光沢としなやかな感触、優雅なドレープ性などの優れた性質を持つ絹は、いずれの国でも支配者階級や上流階級で愛用されていた。繊維の女王ともいわれた絹への憧れは、化学繊維のレーヨンを作り出していくことに繋がるのである

生糸の主な生産国は中国、ブラジル、日本などであるが、日本での生産量は近年急激に減少し輸入している。

2-2-1 蚕の種類

蚕は昆虫の一種で、野蚕（やさん）と家蚕（かさん）がある。野蚕は野生の蚕であり、野外で放し飼いにされ自然のまま繭を作る。野蚕には日本の天蚕（てんさん、山繭ともいう）と中国やインドの柞蚕（さくさん）が知られているが、いずれも生産量は少ない。一方、家蚕は長い期間をかけて飼いならされて品種改良された蚕で、自然で生活することはできず、すべて人工飼育である。世界で使用される絹繊維は、ほとんど家蚕の繭が使用されている。

2-2-2 構造と特徴

絹は蚕が口から吐き出して作る繭（長さ約3cm×幅約2cm）から取り出した繊維で、天然繊維の中では唯一の長繊維である。繭1個から1000m～1500mの繊維が採れる。1個の繭から取り出した繊維では、細くて強度が小さいので、数個の繭から数本の繊維を合わせて繰り出して糸にする。これが生糸である。繭から生糸を繰り取ることを繰糸または製糸という。

1本の繊維の断面を見ると、三角形をした2本のフィブロインがセリシンで包まれている。フィブロインもセリシンも共にたんぱく質であるが、表面のセリシンは、にかわ質で硬いので溶解して取り除くと、フィブロインは2本に分離する。分離した1本のフィブロインの太さは約1デニール（第4章2-2参照）で、天然繊維では最も細い繊維となる。

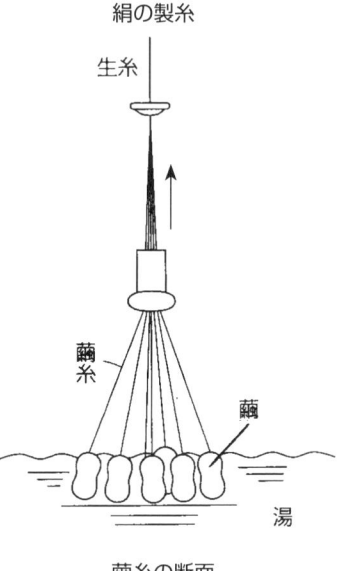

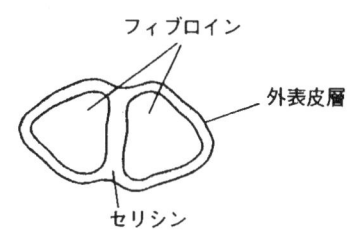

断面が三角形のフィブロインは光の乱反射によって絹独特の光沢になる。また、繊維が細いことによってしなやかな風合いになる。絹繊維の断面が三角形であることと、細くて長いことにより優れた特徴を生み出している。このため、着用中に繊維を摩擦した時の独特な音（キュッキュッ）を発することになり、絹鳴りという。

絹の繊維からセリシンを取り除くことを精練といい、精練には石鹸水や薄い水酸化ナトリウム溶液などを使用する。セリシンは絹繊維全体の 20 〜 25% ほどである。

絹（フィブロイン）繊維

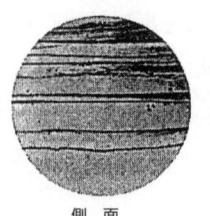
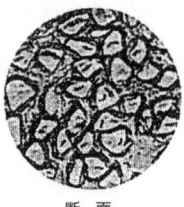

側面　　　　　断面

精練には糸（生糸や撚糸）の段階でセリシンを除去する「先練り」と、セリシンのついたままの糸で織物に作られてから精練する「後練り」がある。先練りされた絹糸を用いて作られた絹織物を先練り織物といい、後練りによって作られた絹織物を後練り織物という。後練りによってセリシンが除かれると、織物の中の繊維と繊維の間に隙間ができ、繊維が動きやすく柔らかくなるので美しいドレープを生み出す。また、絹織物の生地の種類が多いのは、セリシンとフィブロインとの2重構造によるといえる。

また、精練後の絹の主成分はたんぱく質のフィブロインなので、アミノ酸は親水基のアミノ基（-NH$_2$）やカルボキシル基（-COOH）を持ち、吸湿性や染色性がある。絹と羊毛は共にたんぱく質を主成分とするが、絹のフィブロインと羊毛のケラチンを構成しているアミノ酸は異なる。絹は分子量の小さいアミノ酸が多く、羊毛に比べて分子が配列しやすくなっている。

絹は貴重で高価な繊維である。繭を構成するすべての絹繊維を利用するために生糸を繰り取って、残った絹繊維から絹紡糸や絹紡紬糸が作られている。また、くず繭という真綿から紬糸も作られている。

（参考）セリシンは、湿度が低く乾燥すると硬直して折れやすくなり、湿度が高く湿ると軟化して取り扱いやすくなる。一方、フィブロインは水に濡れると強度が低

下して寸法変化を起こす。そこで、雪が多く湿度の高い北陸地方（福井県・石川県など）では、生糸にセリシンを付けたまま織り上げ、そのあとで精練をする後練り産地となった。また、乾燥した内陸（桐生市・米沢市など）では、生糸からセリシンを除去したあとで織り上げる先練り産地となった。

2-2-3　主な性質と用途

（1）主な性質

①繊維断面が三角形のため光沢がある

②細くてしなやかで柔らかくドレープ性もあるが、適度な強度を持ちコシがある。

③親水基を持つため吸水性、吸湿性、染色性もよい。

④湿潤により強度低下、収縮。水染みなどが起きる。

⑤アルカリ、紫外線に弱く、虫害を受けやすい。

（2）用途

和装関係の衣料品、婦人服、ネクタイ、スカーフ、寝具類など。

第3章　化学繊維

憧れの存在である高貴な絹に代わる繊維を、人工的に作り出すことは人類の長い間の夢であった。19世紀に入り化学が発達し、綿の主成分と木材の主成分が同じセルロースであることが明らかになり、木材を溶解して人工の繊維を作る試みが始まった。

1883年、イギリスのスワンは、硝酸を使用して硝酸セルロースから繊維を作り出すことに成功し、ロンドンの博覧会に出品した。この繊維は「Artificial Silk（人造絹糸）」と命名された。（その後1925年にアメリカで Rayon（レーヨン）と改名。） その翌年の1884年、フランスのシャルドンネは硝酸セルロースを改良して繊維化に成功。1889年のパリ万博にこの繊維から作った織物（絹のような光沢・洗濯可能）を出品し、グランプリを獲得した。

その後、彼はこの繊維の工業化に乗り出したが、原料の硝酸セルロースは引火性が高く、工場の火事・爆発などの事故、着用者のやけども起こり、様々な改良が行われたが発展はしなかった。しかし、シャルドンネの硝酸セルロース繊維は、人類が最初に工業化した人造繊維と認められ、彼は人造繊維第一号の開発者の栄誉を担うこととなった。その後、これらの欠点を改良した銅アンモニア法によるキュプラや、ビスコース法によるレーヨンが開発され、近年は直接溶解法によるリヨセルも開発されている。

20世紀に入ると、アメリカのカローザス（デュポン社）は合成ゴムを開発後、ポリエステルの研究に入った。しかし、研究は行き詰まりポリアミドに転向してついにナイロンを発明した。これが合成繊維第一号となって、その栄誉はカローザスに与えられた。これによって、合成繊維時代の幕が開き、その後アクリルやポリエステル、ポリウレタンなどの合成繊維が相次いで開発され、多様な衣料を享受できる時代を迎えている。

1 再生繊維

再生繊維は、天然に存在するセルロースを原料とし、溶解後ノズルから押し出して繊維状に凝固して紡糸したものである。溶解法の違いからレーヨン、キュプラ。リヨセル（テンセル）がある。

1-1 レーヨン（rayon）

レーヨンは 1892 年イギリスのクロス、ベバン、ビードルによって発明され、1900 年以降ヨーロッパ各国で工業化された繊維である。

日本では 1916 年に生産が開始されたが、国内で使用した技術には国産技術と海外からの導入技術の両方がある。日本でも多くのレーヨン会社が設立され、1937 年には世界一のレーヨンの生産国・輸出国となった。

かつて第二次世界大戦から戦後にかけて生産されたレーヨン製品は、湿潤時の強度低下と収縮が激しく粗悪品であったが、その後改良されて 1955 ～ 70 年頃に最盛期を迎えた。

レーヨンはもともと絹の代わりの繊維として開発されたので、レーヨン長繊維の用途は絹とほぼ同じであったが、合成繊維との競合や環境問題もあって、現在は短繊維だけの生産となっている。

1-1-1 製法と特徴

レーヨンの主原料は木材から作られたパルプで、パルプの主成分はセルロースである。木材パルプを水酸化ナトリウム（NaOH）でアルカリセルロースとし、二硫化炭素（CS_2）を加えてセルロースザンテートにする。これを NaOH に溶解し、粘性のあるビスコース液を作る。このビスコース液をノズルから酸性浴中に紡糸すると、元のセルロース繊維として再生する。この製法をビスコース法といい、この製法で作られた再生繊維がレーヨン（ビスコースレーヨン）である。

酸性浴中で繊維の表面が先に凝固し、その後ゆっくりと収縮しながら内部が凝固するため、断面は凹凸があり、スキンと呼ばれる表面とコアと呼ばれる内部層になっている。また、表面に、たてに筋が入った光沢のある繊維である。

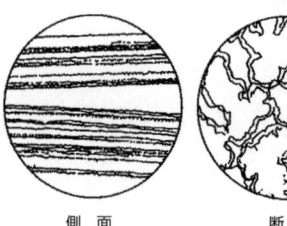
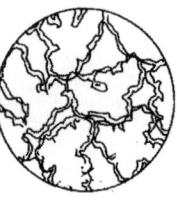

レーヨン繊維

側面　　　　　断面

紡糸工程で短く切断すればレーヨンステープル（スフ）となる。凝固時に繊維に縮れを与えて短く切断したものを捲縮スフといい、紡績しやすくなりかさ高い風合いで弾性がよくなる。

レーヨンの主成分はセルロースである。化学構造はグルコースが鎖状に重合したセルロースから成るが、原料の木材パルプが製造工程中に化学変化を受けるので、セルロース分子が切断され重合度が低下する。そのため重合度は 300 くらいで、綿の 2800 に比べてると低い。レーヨンは結晶化度も低く、綿の 70% に対して 40% である。そのため、レーヨンは強度が低く、湿潤により著しい強度低下と収縮が起こる。吸湿性は、セルロースの化学構造の親水基である水酸基（-OH）に加え、非結晶部分が多いので、綿と比較すると大きい。

1-1-2　主な性質、改質と用途

（1）主な性質

①セルロースの化学構造に親水基があり、また結晶化度が小さいため、綿より吸湿性、染色性がよい。

②重合度や結晶化度が小さいため、強度は低いが伸びは大きい。

③湿潤時の強度低下が著しく、収縮し寸法安定性が悪く、型くずれを起こす。

④しわになりやすいが光沢もあり、他の繊維と混紡しやすい。

（2）改質への工夫

①樹脂加工

　綿と同様、防しわ性と防縮性を目的に行われている。

②ポリノジック（改質レーヨン）

　良質のパルプを用いて、凝固液の濃度を下げゆっくり凝固させ、凝固
し終わらないうちに延伸するので、重合度低下を抑え結晶化度が高く
なる。繊維断面はスキン、コアがなく均一でレーヨンに比べて強く、
湿潤時の強度低下や収縮が少ない。

（3）用途

　短繊維のスフはポリエステルや綿との混紡も多く、衣料品全般、カー
テンなどのインテリア用品など。

1-2　キュプラ（cupra）

　1857 年、シュバイツァー（独）が銅アンモニア溶液にセルロースが溶
けることを発見し、1890 年頃に銅アンモニア法によるキュプラ繊維が
工業化された。製造コストが高く、ビスコース法に取って代わられたが、
アンモニア合成法の進歩によって再度製造されるようになった。

　キュプラの主原料は綿の種子から採れるコットンリンターで、主成分
はセルロースである。精製したコットンリンターを、銅アンモニア水溶
液で溶解して原料とし、これを水
中に紡糸してセルロース繊維に再
生させる。この製法は銅アンモニ
ア法といわれ、キュプラは銅アン
モニア繊維ともいう。ゆっくり凝
固させるので、ほぼ円形でスキン、
コアがなく、レーヨンよりも細い

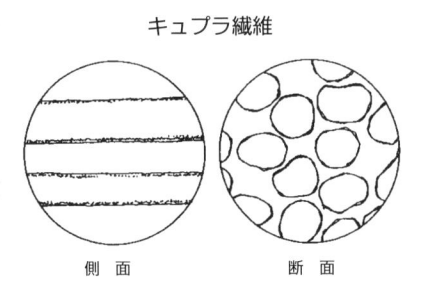

キュプラ繊維

側面　　　　断面

繊維が得られ、絹に似た光沢があり、しなやかで肌触りが良く、吸湿性もある。

　レーヨンと比較するとキュプラの重合度と結晶化度は上回り、強度もあるので湿潤時の強度低下は少なく寸法安定性に優れている。

　主に長繊維として、旭化成が「ベンベルグ」の商標名で生産し、裏地のほか薄手の婦人服表地、ブラウス、ランジェリー、スカーフなどに使用される。

1-3　リヨセル (lyocell)

　1978 年オランダで基礎技術が開発され、ライセンス供与されたイギリスとオーストリアで 1980 年に生産が開始された。日本では 1992 年、短繊維を輸入して製品化の研究が始まり、1994 年頃から普及し始めた。リヨセルの原料は木材パルプなので、主成分はセルロースである。

　レーヨンは木材パルプを一度化学的に変性させて原液とし、元のセルロースに再生することで繊維となるが、リヨセルは、有機溶剤（アミンオキサイドなど）でパルプを直接溶解してセルロースの状態のまま原液とし、これを紡糸して得られる繊維である。溶剤は紡糸時に気化・回収再利用される。レーヨン製造時のような化学的な変性はないので、セルロース分子の切断が少なく重合度もレーヨンより大きい。原料のパルプも計画的に植林されたユーカリを使用しているので、環境保護に配慮した繊維といえる。

　セルロースの性質を持つので吸湿性がある。湿潤時の強度低下も少なく強度もあり、光沢やしなやかな風合いもある。しかし、濡れると硬化し擦れると毛羽立ちして白くなる。

　家庭用品品質表示法では指定外繊維とされていたが、2017 年 4 月の改正により再生繊維と表示することになった。なお、「テンセル」はオー

ストリアのレンチング社が持つ商標名である。

　すべて短繊維で輸入し、紡績糸にして様々な衣料品まで加工を行い、綿製品と同様に使用されたり、綿やポリエステルとの混紡が多い。

2　半合成繊維

　半合成繊維は天然のセルロースを原料として用いるが、その一部に化学物質を結合させて作る繊維である。そのために、原料になったセルロースの性質と化学的に合成された部分の両方の性質を持ち、半合成繊維と言われる。

2-1　アセテート（acetate）

　レーヨンの主成分であるセルロースに、酢酸を化学的に結合させた酢酸セルロースは、第一次世界大戦時に飛行機の翼の塗料として開発された。これをアセトンに溶解して原液とし、紡糸して繊維化したのがアセテートである。アメリカを中心に発達し、日本で本格的に生産されるようになったのは第二次世界大戦後である。

2-1-1 製法と特徴

　アセテートの主原料は、木材パルプである。セルロースに酢酸（CH_3COOH）を化学的に結合させて酢酸セルロースとし、これをアセトンに溶解して繊維化して取り出したものである。セルロースのモノマーであるグルコースの3個の水酸基（-OH）のうち、ほぼ2.5個の水酸基の水素原子（H）がアセチル基（-$COCH_3$）に置き換わったのがアセテートであり、3個のほとんどが置き換わったのがトリアセテートである。

　アセテートは、セルロースの部分と酢酸で変性した部分からなり、親水性というセルロースの性質と、熱可塑性という合成繊維の性質を両方

持つ。熱可塑性は加熱時に与えた変形が、熱を除いても保たれる性質である。

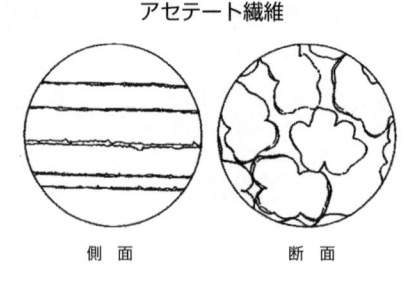

アセテート繊維

側面　　　　断面

一方トリアセテートは水酸基がほぼアセチル基に置換されたため、より合成繊維に近い性質を示す。つまり、セルロースの水酸基が少なくなったために、再生繊維に比べて吸湿性は低い。また、天然繊維や再生繊維と異なり融点を持ち、熱可塑性を示すようになる。

繊維表面は平滑で絹のような光沢があり、長繊維として使用されるが、強度は低く伸びやすい。

2-1-2 主な性質と用途

（1）主な性質

①伸びやすく軽くてしなやかであり、絹のような光沢がある。

②強度は低く、湿潤によりさらに低下する。

③摩擦に弱くしわになりやすい。

④水酸基の減少により、吸湿性は低い。

⑤耐熱性が低く、熱可塑性を示す。

⑥アセトン、マニュキュア除光液で溶けやすい。

（2）用途

強度が低いので、ポリエステルなどの合成繊維の長繊維と加工される。婦人服表地、裏地、ブラウス、スカーフ、和装品など。トリアセテートは黒の発色がよいので、礼服に使用されることが多い。

（参考）プロミックス繊維は、牛乳たんぱく質を原料とした日本で開発された半合成繊維で、絹に似た光沢を持つ。しかし、低価格の合成繊維で似た風合いが作られるようになると生産は減少し、2017 年に廃止された。

3 合成繊維

　再生繊維や半合成繊維は、天然の高分子物質を原料として作られるが、合成繊維はこの原料となる単量体を多数重合させて鎖状高分子を合成し、それを紡糸して再配列して作られる。

　1930年頃から、綿などの天然繊維や天然ゴムなどは、巨大な分子からできているのではないかとの高分子説が提唱され、この方面の研究が急速に進展した。32歳の若さでハーバード大学からデュポン社（米）の基礎研究所に招かれたカローザスは、この高分子説に基づく研究によって最初に合成ゴムを開発した。その後、ポリエステルの研究に入ったが、合成した繊維の融点が低くこれを断念。そのあと、絹に似た構造のポリアミドに転向して、1935年に合成繊維のナイロンを発明した。その後、各国でビニロン、アクリル、ポリエステル、ポリウレタンなど多くの合成繊維が開発された。ビニロンは日本で発明・工業化された合成繊維である。

　合成繊維には多くの種類があるが、衣料に適した性能を持つ高分子物質は限られ、ナイロン、アクリル、ポリエステルが大部分を占めている。これらは三大合成繊維といわれ、石油を原料として化学合成された高分子から作られている。

3-1　ナイロン（nylon）

　カローザスによって発明されたナイロンは1938年にデュポン社によって工業化され、同年開催の世界博覧会において発表された。この時のコピーが有名な「石炭と水と空気から作られ、蜘蛛の糸よりも細く絹よりも美しく、鋼鉄より強い繊維」である。現在は石炭ではなく石油を主原料として作られている。

ナイロンは、最初は絹で作られていた婦人用のストッキングに使用され、のちに衣料全般や産業資材にまで広く用いられている。

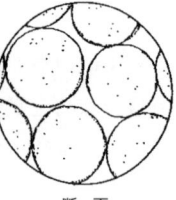

ナイロン繊維

側 面　　　　断 面

3-1-1　製法と特徴

ナイロンはナイロン 6 とナイロン 66 が代表的である。ナイロン 6 はカプロラクタムを重合し、ナイロン 66 はアジピン酸とヘキサメチレンジアミンを重合して、繊維の主成分となる高分子物質を合成することで作られた繊維である。ナイロン 66 は、ナイロン 6 より耐熱性などが少し高く産業資材に適している。いずれのナイロンも単量体がアミド結合（-CONH）で繰り返し結合している高分子なのでポリアミド繊維ともいわれる。

このポリアミド繊維には、耐熱性・耐粘性・高強度・高弾性率などに優れたアラミド繊維が作られている。アラミド繊維はその特徴を生かして消防服、高温作業服、防弾衣などのほか、プラスチックやコンクリートなどの各種補強材にも使用されている。

ナイロンは、絹や羊毛とよく似たアミド結合を持ち、疎水性の合成繊維の中では比較的吸湿性があり、染色性も良い。強度はあるが伸びやすく、柔らかでコシがないのでニット類に適しており、スーツなどの外衣用の織物には向かない。生産量の大部分が長繊維として使用されていて、パンティーストッキングは熱可塑性を利用して作られるかさ高加工糸の長繊維である。

3-1-2　主な性質と用途

（1）主な性質

①軽くて強く、柔らかい。

②伸縮性があり伸びやすくしわになりにくい。

③ヤング率が小さいためコシ、張りがなく紳士服などの外衣用の織物
には向かない。

④アミド結合があるため、合成繊維の中では比較的吸湿性、染色性も
よい。

⑤熱可塑性があるのでかさ高加工やプリーツ加工も行われる。

⑥紫外線に弱く黄変し、強さも低下する。

⑦アルカリには耐えるが酸には弱い。

（2）用途

衣料品全般、特に靴下、ストッキング、スポーツウェア、水着など。
その他ロープ、雨具、カーペットなど様々な分野に利用。

3-2　アクリル（acryl）

アクリルの主成分であるアクリロニトリルは古くから知られていた
が、溶剤に溶けにくく繊維化が困難であった。1931 年、IG 社（独）で
はこれを解決し紡糸に成功、1950 年、デュポン社（米）が生産を開始、
次いで西独でも工業生産に入った。

日本において、アクリルの研究は第二次世界大戦前から続けられたが、
戦後アメリカでのアクリル事業活況に刺激され、1953 年頃から続々と
参入していった。なお、アクリルの生産が大きく伸びた理由の一つに、
アクリルの熱収縮を利用したハイバルキーヤーンの開発があり、主に
セーターなどのニットに使用されている。

3-2-1　製法と特徴

アクリルはプロピレンとアンモニアから合成されるアクリロニトリル
（$CH_2 =CHCN$）を主成分とする合成繊維である。しかし、アクリロニト
リルだけでは繊維としての性質が不十分で、塩化ビニルなどのビニル化

合物を結合させて高分子物質とし、熱可塑性や染色性などを改善し、これを紡糸して繊維にする。JIS ではアクリロニトリルの質量割合が 85 % 以上をアクリルと規定し、35 % 以上 85% 未満をアクリル系と定めている。

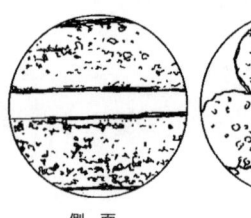

アクリル繊維

側面　　　　　断面

アクリル系

アクリル系繊維

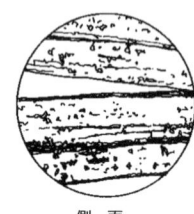

側面　　　　　断面

アクリルは親水基を持たないので吸湿性が悪い。そのために染色は困難であったが、カチオン染料が開発されて鮮明で堅牢な染色が可能となった。アクリルは合成繊維の中では羊毛に近い風合いを持ち、伸縮性、かさ高さに優れ、羊毛分野で多く使用されている。また、耐候性が非常に強いので、テント、国旗、ヘアーウィッグなど特殊分野にも使われる。

しかし、耐熱性は低く湿熱で硬化するので、アイロンなどには注意が必要である。

　アクリルはアクリル系と共に生産量のほとんどが短繊維であり、紡績糸として使用される。そのため短繊維は、伸縮性や保温性を付与するために捲縮加工を行い、羊毛のクリンプに似た風合いを持ち、羊毛との混紡にも使用される。

3-2-2　主な性質と用途

（1）主な性質

　①軽くて伸び、弾性がありしわになりにくい。

②短繊維に加工すると、かさ高く柔らかくて保温性がよく、羊毛に似た感触となる。

③吸湿性が低く、羊毛との違いがある。

④耐候性に優れ変退色はほとんどなく、染色性もよい。

⑤耐熱性は低い。

⑥ピリング（毛玉）が生じやすい。

⑦アクリル系はアクリルに比べて難燃性を示す。

（2）用途

　ニット製品などの衣料品全般、毛布、カーテン、ヘアーウィッグなど。アクリル系は難燃性であるので、病院のカーテンや劇場の緞帳など。

（参考1）ピリングは、生地や繊維製品の表面が摩耗されて毛羽立って絡み合い、小さな球状の毛玉（ピル）が生じる現象をいう。羊毛は強度が小さいので毛玉が生じても使用中に切れて落ちてしまうことが多いが、合成繊維は強度が大きく切れて落ちにくいので、ピリングとして残る。

（参考2）アクリル繊維から作られる特殊な繊維に炭素繊維がある。炭素繊維はアクリル繊維を不活性気体中で高温焼成して作るが、高強度・高弾性で耐熱性にも優れているので、飛行機の機体・建築資材・ゴルフシャフト・釣り竿などに使用されている。また、アクリルのもつ熱特性を利用してアクリル板を貼り合わせ、水族館で見られる透明で厚みのある巨大水槽が作られている。

3-3 ポリエステル（polyester）

　前述したように合成ゴムを開発したデュポン社のカローザスは、そのあとナイロンではなくポリエステルの研究に入った。しかし、融点などの問題からポリエステルの研究を断念しナイロンを発明した。ここのポリエステルの研究を引き継いだのが、CPA（英）という印刷会社のJR・ウィンフィールドらであった。彼らは、ポリエステル繊維を合成する化学物質を色々変えて研究した結果、遂に融点も高くアルカリなどに

も耐えるポリエステル繊維の発明に成功し、1941 年に特許を申請した。

ポリエステル繊維

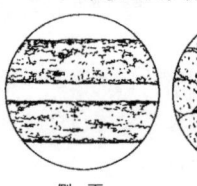 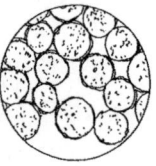

側面　　　　断面

化学会社である ICI（英）は、CPA と技術提携をして 1953 年にポリエステルの工業生産に入った。なお、カローザスの在籍したデュポン社も CPA の技術で同年にポリエステルの生産を開始した。

日本は特許料が高価なことから、帝人と東レが共同で ICI 社から製造技術を導入し、1958 年「テトロン」の名称で生産を開始した。日本のポリエステルの生産技術は、すべて欧米からの導入技術である。

3-3-1　製法と特徴

石油から作られるエチレングリコールとテレフタル酸を重合して高分子物質（ポリエチレンテレフタレート　PET）を合成し、紡糸して繊維にする。PET は重合によりエステル結合（-CO-O-）で結合した高分子物質である。また、化学構造としてベンゼン環があるので、結晶構造をとりやすく、分子の配列が良い。ポリエステルは適度な強度や耐熱性を持ち、しなやかで寸法安定性にも優れ、衣料、インテリアなどあらゆる分野で幅広く用いられている。

日本でのポリエステルの生産量は合成繊維の中で最も多く。短繊維、長繊維とも同程度の割合で生産されている。短繊維は綿などの他の繊維と混ぜて紡績し、両方の長所を生かし短所を補う混紡糸としても使用される。また、長繊維は異形断面繊維や極細繊維という新合繊の技術により、本来はなかった性質を持つことも可能になった。

（参考）飲料水用の PET ボトルは、ポリエステル繊維と同じポリエチレンテレフタレート（PET）から作られる。ボトルは回収され繊維として再生されフリースなどの衣料品が作られてきた。

3-3-2　主な性質と用途

（1）主な性質

　①強くてしなやかでコシがある。

　②分子の結晶性もよく親水基を持たないので、吸湿性が低く弾性もよくしわになりにくいため、ウォッシュ＆ウェア（W＆W）性がある。

　③合成繊維の中で耐熱性が良く、熱可塑性を利用しやすい。

　④短繊維は他の繊維となじみやすく混紡しやすい。

　⑤耐摩耗性がありピリングが生じやすい。

　⑥着用時、静電気を帯びやすく、洗濯時には再汚染されやすい。

　⑦耐候性、耐薬品性もあり用途が多岐に渡る。

（2）用途

　短繊維は綿、レーヨン、羊毛などとの混紡により紡績され、長繊維は多様な加工が可能で共に衣料品全般に利用。また、インテリア用品、産業用など広範囲。

3-4　その他の合成繊維

3-4-1　ポリウレタン（polyurethane）

　ポリウレタンは、1958年デュポン社（米）が「ライラク」の名称で発表した繊維で、ゴムに似た弾性を持つ合成繊維である。ゴムよりも伸縮性、耐久性に優れ、軽くて細い糸の製造が可能である。スパンデックス（spandex＝弾性繊維）ともいわれる。熱可塑性があり染色もしやすい。

　すべて長繊維で、他の組成の糸を被覆させたり、紡績工程で他の短繊維に包み込まれて衣料に用いる糸となる。これらの糸は、伸縮性を生かしてストレッチ素材として用いられている。

　用途は、カジュアルウエアなど伸縮性が必要とされる分野で幅広い。

3-4-2　ビニロン（vinylon）

　ビニロンは日本の研究と技術で工業化された最初の合成繊維である。1939 年、京都大学の桜田一郎らは水溶性のポリビニルアルコール（PVA）を原料とし、繊維化した後に水に不溶性となる製法を発表した。その後1950 年にクラレが工業化し生産を始めた。

　ビニロンはポリビニルアルコール（PVA）繊維ともいい、生産量のほとんどは短繊維である。親水性の水酸基（-OH）を持っているので合成繊維の中では吸湿性が大きく、当初は学生服や作業服など実用衣料に使用されていた。現在では衣料用分野はポリエステル短繊維に代わり、資材用として使用されている。

（参考）ポリ乳酸繊維は、トウモロコシなどのでんぷんを発酵させて乳酸を作り、重合させて得られるポリ乳酸を紡糸して繊維状にした合成繊維である。土中に廃棄された時、微生物によって水と炭酸ガスに生分解されるので、生分解性繊維といわれる。シルキーな風合いを持ち、衣料用としても利用されるが、石油を原料とした合成繊維は生分解されないので、環境保護の観点からも活用されている。

4　改良化学繊維

　化学繊維、特に合成繊維が作られるようになった当初、化学繊維の消費量は増加していった。しかし、次第に着心地や風合いなどの優れた天然繊維の性質に目が向けられ、天然繊維の良さを取り入れた合成繊維が作られるようになった。

　最近は、天然繊維を超えるものが開発され、多様な付加価値をもつ合成繊維が身近になり、健康的で活動的な生活を快適に過ごすためにとても重要な役割を果たしている。

4-1　異形断面繊維

　天然繊維はそれぞれ特有な断面を持ち、そのために独特の光沢やしなやかさ、硬さがある。化学繊維の断面は通常円形であるが、これを天然繊維に似せて円形以外の断面にしたものを異形断面繊維という。絹の断面は三角形に近いので、絹のような光沢を得るため三

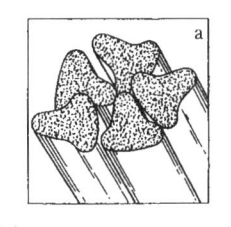

(a) ポリエステル異形断面繊維（a）

角形断面の繊維が開発された。繊維の断面を異形にすると、光沢や感触、風合いなど繊維を多様に変化させられる。ナイロンやポリエステルの長繊維で多く生産され、主に婦人服地に使用されている。

4-2　中空繊維

　綿のルーメンのように断面に中空を持つ繊維である。繊維の中に空気を取り入れると、見かけよりも軽くなり、保温性が増加し、暖かく感触も良くなる。ポリエステルやナイロンに行われ、軽量化、保温性、毛細管現象による吸水性などの特徴を持つ。

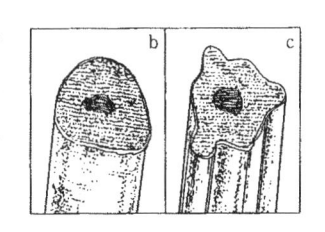

ポリエステル中空繊維（b）
ポリエステル異形中空繊維（c）

4-3　複合繊維

　合成繊維の熱収縮の異なる2種類の組み合わせで、クリンプを生じさせる。かさ高くなり保温性と伸縮性に優れている。アクリルはセーター、ナイロンはストッキング、ポリエステルは布団わたなどに用いられている。

4-4 新合繊

　繊維は細くなるほどたわみやすくしなやかになる。繊維をより細く
するために、2つの成分を複合して紡糸した後に分割したり、一方の成
分を溶解して極細繊維を作っていた。その後、さらに細くて超極細繊維
と呼ばれる繊維も作られるようになった。天然繊維で最も細い絹のフィ
ブロインは1デニールだが、0,3デニール未満を超極細繊維とし、さら
に細い繊維も作られている。

　新合繊は、天然繊維や従来の化学繊維にはない独自の風合いを持つ、
改良された合成繊維で、1988年頃から作られるようになった。それま
での、天然繊維に近づけた合成繊維から、天然繊維を超えた合成繊維が
生産されている。ポリエステルの新合繊は様々な優れた機能を持つ。

（1）吸水速乾素材

　ポリエステルは吸水性が低いため、繊維の中空化、多孔化、極細繊維
の多層構造による毛細管現象を利用して、形態構造の面から吸水性を
高めることが可能になった。

（2）透湿防水性素材

　水蒸気は通すが水は通さないという、透湿と防水という相反する性質
を持った素材に使用される。つまり、雨の直径より小さく、水蒸気の直
径より大きな隙間のある高密度織編物に撥水加工を行う。

（3）保温性素材

　保温性を大きくするため、静止空気層を多くすることが必要であるが、
極細繊維を用いると隙間が多数できるので、空気を保ちやすい。

　また、身体から放熱される輻射熱を、布に含ませたアルミニウムに反
射させ。保温効果を高める素材もある。

　さらに、太陽光のエネルギーを吸収して熱に変換したり、身体からの
水蒸気を吸湿して発熱する素材もある。

このように新合繊は、繊維を特別な形態にする紡糸技術、特殊な加工糸の生地製造工程、さらに高度な表面処理をする染色仕上げ加工を組み合わせて、日本が世界に先駆けて開発した全く新しい繊維素材である。

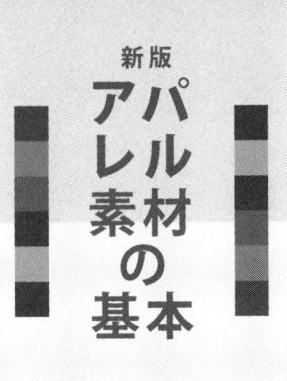

新版

パレル素材の基本

アパレル素材の基本

第4章　糸

衣料に用いられる繊維は細く、その太さは直径が数十μmであって目に見えるか見えないくらいの細さである。繊維それ自体は細くてしなやかであっても、繊維1本1本の強度は低く、そのままでは織ったり編んだりすることはできない。そこでこれを集めて次の加工に耐える充分な長さや強さを保てるように、細くて曲がりやすい形態に加工する必要がある。普通、繊維を繊維方向に揃えて集合させ、細長くする。これが糸(ヤーン yarn)である。

糸の概観や性質は糸を構成する繊維の組成や繊維の長さ、また糸の作り方によって大きく変化する。そのために糸は生地(織物・編物など)や衣服の性能に大きな影響を与えることになる。

1 糸の分類

糸は、構成する繊維の組成やその形態、さらに糸の加工法の違いなどによっていくつもの分類方法があるが、ここでは糸の形態による分類法について述べる。

一つは短繊維から作る紡績糸であり、他は長繊維から作る長繊維糸である。紡績糸は短繊維を集束し撚りをかけて作る。長繊維糸には繭から取り出した絹の繊維を引き揃えたり撚ったりした絹糸(生糸)と、化学繊維の長繊維から作る長繊維糸とがある。

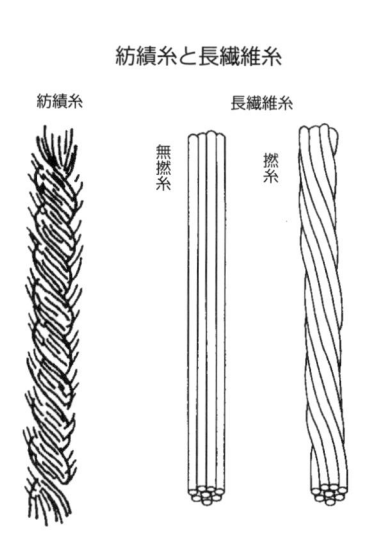

紡績糸と長繊維糸

紡績糸 　　長繊維糸

無撚糸　撚糸

化学繊維の長繊維糸には普通タイプの長繊維糸とかさ高加工糸とがあるが、前者は単に長繊維を引き揃えたり撚りをかけたりして作るのに対し、後者は繊維のもつ熱可塑性を利用してかさ高加工によって作る糸である。

　なお、紡績糸はスパンヤーン、長繊維糸はフィラメント糸・フィラメントヤーンと呼ばれることがあるする。

　また、糸には紡績糸と長繊維糸のほかに、少量ではあるが衣服に特殊な効果や効用をもたらすストレッチヤーン、混繊糸、意匠糸、縫い糸、金銀糸など特別な用途の糸がある。

1-1　紡績糸

　綿や羊毛など長さが数 cm の天然繊維は、これを平行に揃えたままでは引っ張ると繊維同士がずれて抜けてしまい、糸として用をなさない。しかし、平行に揃えた状態で撚りをかけると、繊維同士は摩擦力で束縛しあって、かなりの力に耐えられるようになる。短繊維を平行に揃え、撚りをかけて糸にする加工法が紡績であり、できた糸が紡績糸である。

　紡績の方法は、綿や羊毛など繊維の種類によって少しずつ異なるが、その基本的な原理はみな同じである。夾雑物 (きょうざつぶつ) や所定の長さ以下の短繊維を除去しながら、①繊維を平行に揃える。②この繊維の集合体を引き伸ばして (繊維同士平行の状態のまま少しずつずらして) 細く長い状態にする。③これに撚りをかける。この三つの操作を順次加えて、最後に長い紡績糸を作る。

　紡績糸は短繊維糸ともいう。混紡糸は 2 種類以上の短繊維を混合して紡績した糸で、互いに長所を生かし欠点を補完した優れた性質をもつ。

　化学繊維の場合は紡糸工程から出てくる繊維を所定の長さに切断して短繊維とし、これを紡績してスフ糸や合繊紡績糸を作る。

紡績糸は短繊維を収束して作るので、その表面には毛羽があって均一性には劣る。しかし、繊維の細かな配列の乱れによって繊維間に空隙が生じ、そこに空気を含むので比較的暖かく、かさ高で膨らみがある。一般に強度は長繊維糸よりも低い。

紡績の基本原理

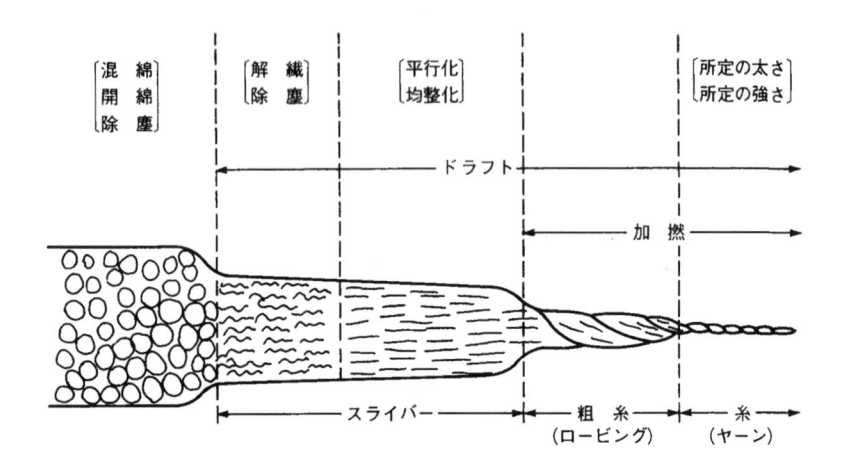

1-2　長繊維糸

　長繊維糸には、天然繊維の絹糸と化学繊維の長繊維糸とがある。絹は天然の状態で長繊維であり、繭から繰り取った生糸は引き揃えたり加撚したりして絹糸となる。一方、化学繊維の長繊維糸には普通タイプの長繊維糸とかさ高加工糸の二つがある。普通タイプの長繊維糸は絹糸と同様に長繊維を引き揃えたり、撚りを加えたりして作る糸である。

　一方、かさ高加工糸は化学繊維の長繊維に特別な加工(かさ高加工)をして作る糸であり、合成繊維から作られるものが圧倒的に多い。

1-2-1　絹糸 (生糸)

　天然繊維の中では唯一の長繊維として採取される繊維である。蚕は絹繊維の本体であるフィブロインを、セリシンで包んで一体とし体外に吐出する。蚕はそれを外物に粘着させ、首を強く後ろに引き戻しつつ固化して繊維にする。このようにして細くて長い絹の長繊維が作り出されるが、繭から取り出す絹繊維はあまりに細いので数本ずつ集束して巻き取り生糸にする。生糸は更に引き揃えたり撚ったりして絹糸となり、製織や精練などの加工々程に送られる。

1-2-2　化学繊維の長繊維糸

A　普通タイプの長繊維糸

　長繊維糸は絹を除いて、すべて化学繊維の長繊維を加工して作る糸である。化学繊維はもともと製造の段階では長繊維として作り出されるので、これをただ引き揃えるだけで撚りをかけなくとも糸として使用できるが、普通は適当な撚りをかける (1 本の長繊維をモノフィラメント、多数の長繊維の集束をマルチフィラメントといい、普通、マルチフィラメントを引き揃えて撚りをかける)。このように糸に加工することは比較的簡単であり、長繊維糸といえばほとんどが化学繊維素材のものであり、中でも合成繊維の長繊維糸の生産割合が大きく、とくにナイロンとポリエステルが大部分を占めている。

　長繊維糸は表面が平滑で光沢があり、毛羽や斑 (むら) が少ないので、織物などに加工しても平滑で均一な生地になる。そのために膨らみが少なく暖かみは少ない。表面の滑らかさから裏地に利用されることもある。

B　かさ高加工糸

　化学繊維の長繊維糸には上記の普通タイプの糸のほかに、かさ高加工糸がある。かさ高加工糸は合成繊維の持つ熱可塑性 (熱セット性) を利用して、長繊維に種々の縮れ (捲縮 、クリンプ) や乱れを与えて、かさ

高性や伸縮性を付与した糸でふっくらとして暖かみがある。合繊長繊維から直接作り出した紡績糸ライクの糸といえる。ほとんどが合成繊維をかさ高加工した糸で、単に加工糸と呼ばれるほか、テクスチャードヤーン、テクスチャード糸、バルキーヤーン、バルキー糸など多くの名称がある。特に伸縮性の大きなかさ高加工糸はストレッチヤーン（伸縮糸）と呼ぶことがある。ナイロン長繊維に加工された糸は、ウールと感触が似ていることからかつてはウーリーナイロンとも呼ばれた。かさ高加工糸はポリエステル長繊維とナイロン長繊維が主体であるが、生産量はポリエステルのほうが圧倒的に多い。

　長繊維からかさ高加工糸を作る方法はこれまで、仮撚り法、空気噴射法（エアジェット法）、擦過法、押込み法など数多く開発されたが、日本ではほとんどが仮撚り法である（一部に空気噴射法がある）。仮撚り法によって作られたかさ高加工糸は、仮撚り加工糸ともいわれる。その原理と製法は次の通りである。

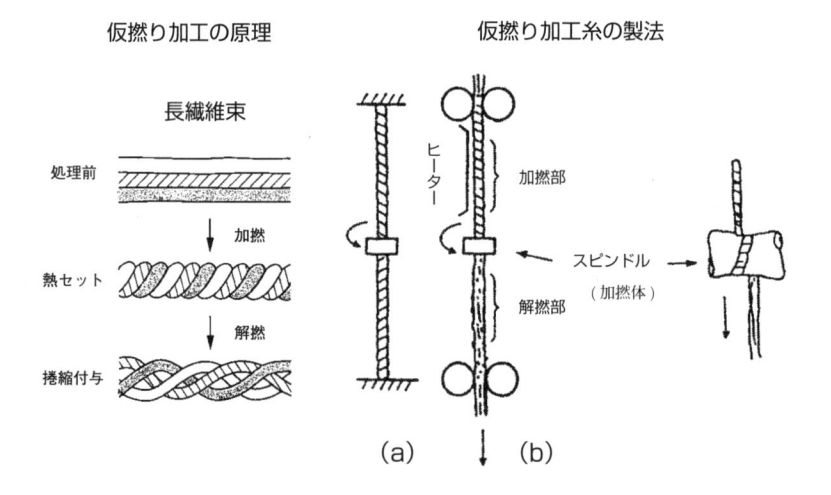

仮撚り法が開発された当初は、加撚→熱固定 (熱セット) →解撚の三つの加工を別々に行っていたが、1950 年代になって、三つの加工を連続で行う方法が開発された。これが現在の仮撚り法である。

　図 (a) のように、長繊維束の上下を固定して中央部に加撚体 (スピンドル) で撚りをかけると、その上下で逆向きの撚りがかかる。図 (b) のように上下の固定部分をローラーに替えて長繊維束を上から下へ送ると、加撚体を通過したところで上下の撚りは相殺されて無撚の状態になる。ここで加撚体の上部 (撚りの入った状態) を熱セットすると、ねじれ癖をもった伸縮性のあるかさ高加工糸が連続的に得られる。

　仮撚り法によって作られたかさ高加工糸は、①伸びが非常に大きくかさ高も大きいものは靴下やニット外衣などに、②伸びは大きいがかさ高の少ないものはスポーツ衣料やファンデーションなどに、③伸びの少ないがかさ高なものはニット肌着や外衣などに、④伸びもかさ高も比較的少なく紡績糸風なものはニット外衣や織物 (替えズボンなど梳毛織物分野) などに用いられる。かさ高加工糸は長繊維糸独特の冷たく滑らかな感じは少なく、ふっくらとした暖かな風合いの糸である 。

　なお、空気噴射法は圧搾空気によって乱流を発生させ、これによって長繊維束を開繊し、不規則な小ループやたるみを形成させてかさ高加工糸を作る方式である。熱セットをしなくても済むので、合成繊維だけでなくアセテートなどにも応用が可能である。

　また、かさ高な合繊の繊維や糸には上記のほかに、アクリルの熱特性を利用して作るハイバルキーヤーン (紡績糸) や、熱収縮の異なる 2 種類の成分物質を貼り合わせた複合繊維 (短繊維はコンジュゲートファイバー、長繊維糸はコンジュゲートヤーン) もある。

1-3　その他の糸

　衣料用に使用される糸は、紡績糸と長繊維糸が大半であるが、そのほかに生地や製品に特殊な効用や効果を付加するために作られる糸がある。伸び縮みするストレッチヤーン、婦人服に装飾効果をもたらす意匠糸、縫製に用いられる縫い糸、華やかな舞台衣装やイブニングドレスに使用される金銀糸などである。

繊維から糸へ

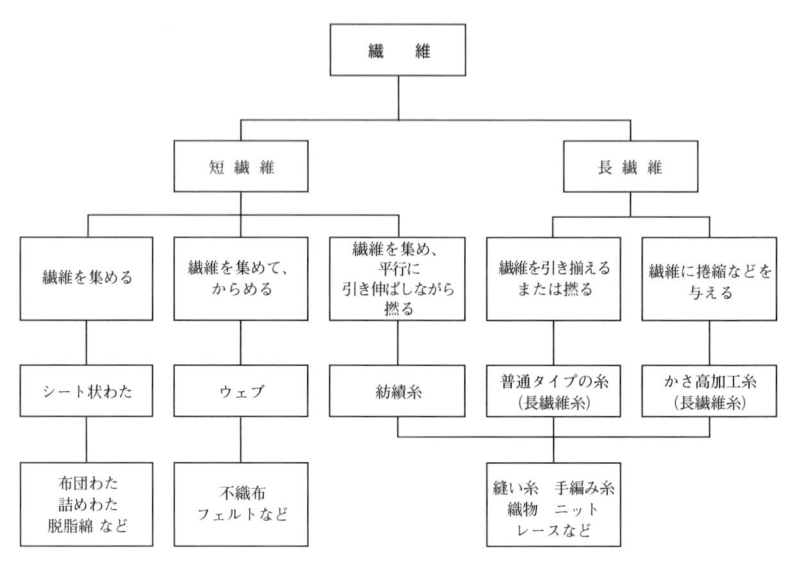

2　糸の太さの表示

　糸は繊維の集合体であり、柔らかく変形しやすいので、その太さを見かけの直径で表すと不都合が生じる。そこで、糸の太さを表す基準の長

さと重量を定め、このどちらかを一定にして糸の太さを表示する。これを糸の番手という。番手には重さを一定にして太さを表す恒重式番手法 (紡績糸用) と、長さを一定にして太さを表す恒長式番手法 (主に長繊維・長繊維糸用) の二つがある。

2-1　恒重式番手法

　紡績糸用の番手で綿番手、毛番手、麻番手の三つがある。基準の重さを一定に定めて、その重さの糸の長さが標準の長さの何倍かで表す方式である。重さを一定に定めるので恒重式番手法という。数値が大きくなるほど糸は細くなる。

2-1-1　綿番手

　綿糸、スフ糸、絹紡糸および綿紡績方式で作られた合繊紡績糸 (ポリエステル紡績糸など) に用いられる方式である。英式番手ともいう。基準の重さ 1 ポンド (453.6g)、標準の長さ 840 ヤード (768.1m) を 1 番手とし、その糸が基準の重さのときに標準の長さの何倍になるかで表示する。2 倍あれば 2 番手となる。

　試料糸から番手を求める式は次の通りである。

$$\text{求める綿番手} = \frac{453.6}{768.1} \times \frac{l}{w}$$

$$= 0.591 \times \frac{l}{w}$$

　ただし、l は試料糸の長さ (m)、w は試料糸の重量 (g)。

　なお、綿番手の表示法は次の通り。

　① 20 番手単糸…20 s　② 20 番手双糸…20/2 s　③ 20 番手 2 本引き揃え…20// 2 s

2-1-2　毛番手

　梳毛糸、紡毛糸および毛紡績方式で作られた合繊紡績糸 (アクリル紡績糸など) に用いる。メートル番手ともいう。基準の重さ 1000 g、標準の長さ 1000 m を 1 番手とし、その糸が基準の重さのときに標準の長さの何倍になるかで表示する。2 倍あれば 2 番手となる。

　試料糸から番手を求める式は次の通りである。

$$求める毛番手　= \frac{1000}{1000} \times \frac{l}{w}$$

$$= 1.0 \times \frac{l}{w}$$

　ただし、 l は試料糸の長さ (m)、w は試料糸の重量 (g)。
　毛番手の表示法は次の通り。

　① 48 番手単糸…1/48　② 48 番手双糸…2/48 ③ 48 番手 2 本引き揃え…2//48

　なお、毛番手は綿番手と間違えないように、s は付けない。また、番手を示す数字は／の後に表示する。

2-1-3　麻番手

　麻糸および麻紡績方式で作られた合繊紡績糸に用いる。基準の重さ 1 ポンド (453.6g)、標準の長さ 300 ヤード (274.3m) を 1 番手とし、その糸が基準の重さのときに標準の長さの何倍になるかで表示する。2 倍あれば 2 番手となる。試料糸から番手を求める式は次の通り。

$$求める麻番手　= \frac{453.6}{274.3} \times \frac{l}{w}$$

$$= 1.654 \times \frac{l}{w}$$

　ただし、 l は試料糸の長さ (m)、w は試料糸の重量 (g)。

麻番手の表示法は次の通り。

①20 番手単糸…20s ②20 番手双糸…20/2s ③20 番手 2 本引き揃え…20×2s

2-2 恒長式番手法

化学繊維の短繊維、長繊維および長繊維糸並びに生糸に用いる番手法である。ただし、綿や毛の短繊維に用いることがある。デニール (d) とテックス (tex) の二つあるが、化学繊維は 1999 年 10 月、デニールからテックスに切り替えられているので注意を要する。現在、デニールを使用しているのは生糸だけである。

基準の長さを一定に定めて、その長さの糸の重さが標準の重さの何倍かで表す方式である。長さを一定に定めるので恒長式番手法という。数値が大きくなるほど糸は太くなる。

2-2-1 デニール (denier)

生糸に用いる。基準の長さ 450 m、標準の重さ 0.05 g を 1 デニール (d) とし、その糸が基準の長さのときに標準の重さの何倍かで表示する。2 倍あれば 2 デニールとなる (9000 m、1 g で 1 デニールとなるので、その糸が 9000 m で何 g になるかをもってデニール数を表示する。2g あれば 2 デニールとなる)。

試料糸からデニールを求める式は次の通り。

$$求めるデニール \;=\; \frac{450}{0.05} \;\times\; \frac{w}{l}$$

$$=\; 9000 \;\times\; \frac{w}{l}$$

ただし、w は試料糸の重さ (g)、l は試料糸の長さ (m)。

デニール (生糸) の表示方法は次の通り。

①27 デニール単糸…27 d ②27 デニール双糸…27 d ×2 ③27 デニール 2 本引き揃え…27 d // 2

なお、デニールの単位の表示は、「d」のほか「D」や「中」も用いる。

2-2-2 テックス (tex)

主に化学繊維の短繊維、長繊維および長繊維糸に用いる。ISO(国際標準化機構) では、すべての繊維や糸の太さの表示に tex(テックス) の使用を推奨しており、日本でも 1963 年に JIS として制定されている。本来はすべての繊維や糸にテックスを使用することが望ましいが、日本では主に化学繊維の短繊維、長繊維、長繊維糸及び縫い糸（ミシン糸など）にテックスが使用されている。

基準の長さ 1000 m、標準の重さ 1 g を 1 テックスとし、その糸が基準の長さのときに標準の重さの何倍かで表示する。2 倍あれば 2 テックスとなる。

試料糸から番手を求める式は次の通り。

$$求めるテックス = \frac{1000}{1.0} \times \frac{w}{l}$$

$$= 1000 \times \frac{w}{l}$$

ただし、W は試料糸の重量 (g)、l は試料糸の長さ (m)。

なお、テックス (tex) 表示では従来用いられていたデニール (d) 表示とは大きく隔たった数値 (小さな数値) が表示されるので、化学繊維業界ではテックスよりも 1 桁小さいデシテックス (dtex) を用いている (1 テックス = 10 デシテックス)。

テックスの定義では (1000m、1g で 1 テックス) であるが、デシテックスは (10000m、1g で 1 デシテックス) である。一方デニールは (9000m、1g で 1 デニール) であるから、デシテックスで表示すると従来のデニー

主な糸の太さ表示法

	糸の種類	呼　称	標準質量	測長単位	番手定数	番手計算
恒重式	綿糸、スフ糸、絹紡糸など	綿番手	453.59g（1ポンド）	768.1m（840ヤード）	0.591	$N=0.591\times l/w$
	麻糸など	麻番手	453.59g（1ポンド）	274.34m（300ヤード）	1.654	$N=1.654\times l/w$
	毛糸など	メートル番手	1,000g	1,000m	1.0	$N=1.0\times l/w$

	糸の種類	呼　称	標準長さ	質量単位	番手定数	番手計算
恒長式	生糸	デニール	9,000m	1g	9000	$D=9000\times w/l$
	共通	テックス	1,000m	1g	1000	$tex=1000\times w/l$

（註1）　Nは番手、Dはデニール、lは試料糸の長さ(m)、wはその質量(g)
（註2）　テックスは全ての繊維や糸に使用される太さの表示法であるが、主に化学繊維の短繊維、長繊維、長繊維糸及びと縫い糸に使用されている。

番手換算係数表

	テックスへ	綿番手へ	メートル番手へ	デニールへ	麻番手へ
テックスから		$\dfrac{590.5}{テックス}$	$\dfrac{1000}{テックス}$	$\times\ 9$	$\dfrac{1653.5}{テックス}$
綿番手から	$\dfrac{590.5}{綿番手}$		$\times\ 1.693$	$\dfrac{5315}{綿番手}$	$\times\ 2.8$
メートル番手から	$\dfrac{1000}{メートル番手}$	$\times\ 0.591$		$\dfrac{9000}{メートル番手}$	$\times\ 1.654$
デニールから	$\times\ 0.1111$	$\dfrac{5315}{デニール}$	$\dfrac{9000}{デニール}$		$\dfrac{14882}{デニール}$
麻番手から	$\dfrac{1653}{麻番手}$	$\times\ 0.357$	$\times\ 0.605$	$\dfrac{14882}{麻番手}$	

ル表示に近い数値で示されることになる。

　試料糸からデシテックスを求める式は次の通り。

$$求めるデシテックス＝\ 10000\ \times\ \frac{w}{l}$$

　w は試料糸の重量 (g)、l は試料糸の長さ (m)。

　なおデニールとデシテックスの換算式は次の通りである。

　　求めるデニール＝ 0.9× デシテックス

　　求めるデシテックス＝ 1.1111× デニール

　デシテックス (dtex) の表示方法は次の通り。なお、テックス (tex) も同じ表示方法である。

　① 120 デシテックス単糸…120dtex ② 120 デシテックス双糸…120dtex×2

　③ 120 デシテックス 2 本引き揃え…120dtex//2

(参考) ISO(International Organization for Standardization＝国際標準化機構) は、工業製品、部品及び使用技術の規格を国際的に統一し、推進する機関である。日本でも ISO に参加しており、繊維では取り扱い絵表示やテックス番手などが制定されている。

3　糸の撚り加工

　織物やニットに使用する糸にはほとんど撚りがかけられている。撚りは生地の柔らかさや感触などに関係するだけではなく、糸の収束性 (まとまり) を高め、あとの工程での操作性を向上させることができる。また、撚りの強弱を使い分けることによって、目的に合った生地の製作が可能となる。

3-1　撚り加工の目的と効果

3-1-1　糸に集束性を与え適正な形状に保つ

撚りは繊維間の摩擦力を増加させるので、短繊維を集積して作る紡績糸の強度を高めることができる (紡績糸の強度は撚りの程度に大きく関係する)。また撚りは紡績糸の形状を良好に保つ。

一方、長繊維糸は撚りによって長繊維の集まりがバラバラになるのを防ぎ、集束力を高めるとともに糸の形を適正に保つ。

紡績糸、長繊維糸ともに撚りによって糸の断面は円形となって引き締まり、引き揃えられた繊維の分離を防ぎ、後の加工工程での作業性や操作性を向上させる。なお、長繊維糸では撚りによる強度の増加はほとんどないので、紡績糸よりも弱い撚りをかけることが多い (強撚糸を除く)。

3-1-2　多様な糸や生地の制作ができる

撚りはその多少によって糸の強度、集束性、硬さ、光沢などが変化するので、撚りの強弱は目的や用途によって使い分ける必要がある。織物用とニット用では、ニット用の糸のほうが撚りが弱く、また織物用の中で経糸と緯糸では、経の撚りを強くする。また、糸に強い撚りを加えて作る強撚糸は、シボ (こまかな凹凸) のある強撚糸織物 (ジョーゼット、デシン、ポーラ、縮緬など) を作ることができる。なお、意匠撚糸も撚り糸の一種である。

3-2　撚りの方向と撚り合わせ

繊維や糸に撚りをかける方向には、右撚りと左撚りがある。右撚りは下端を押さえて上端を右回しにひねる撚り方で、S 撚りともいう。長繊維糸に多い。また、左撚りは下端を押さえて上端を左回しにひねる撚り方で、Z 撚りともいう。紡績糸に多い。

短繊維を紡績してできた 1 本の糸を単糸といい、長繊維を 1 本または

2本以上引き揃えて撚りをかけてできた1本の糸を片撚り糸という（単糸は紡績糸の、片撚り糸は長繊維糸の用語として使用されている）。また、単糸や片撚り糸を2本以上引き揃えて撚り合わせた糸を諸撚り糸（もろよりいと）または諸糸（もろいと）といい、合わせた糸の撚りと反対方向の撚りをかける。とくに2本の糸を合わせたものを双糸、3本合わせたものを三子（みこ）または三子糸（みこいと）と呼ぶ。単糸や片撚り糸の撚りを下撚り、諸撚り糸の撚りを上撚りという。双糸にすると糸の斑（むら）が平均化されて、強度も上がって高級感が付与される。

　なお、手縫い糸の上撚りはS撚りであり、ミシン糸の上撚りはZ撚りである。一般に手縫い糸のほうがミシン糸よりも撚りが弱い。

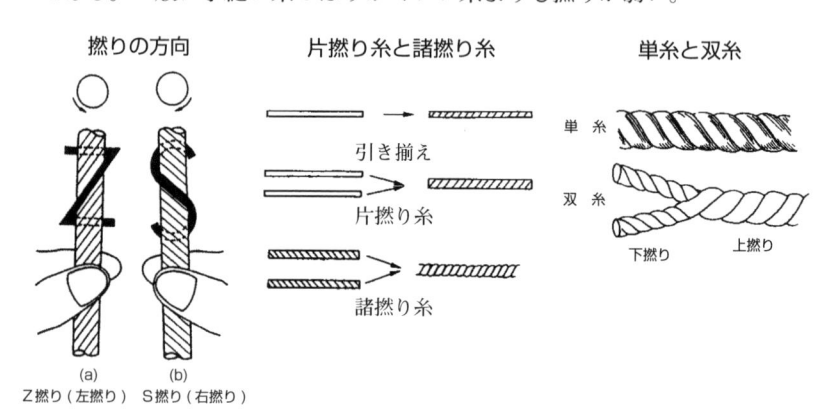

撚りの方向　　片撚り糸と諸撚り糸　　単糸と双糸

引き揃え　　片撚り糸　　諸撚り糸

単糸　　双糸　　下撚り　　上撚り

(a) Z撚り（左撚り）　　(b) S撚り（右撚り）

3-3　撚り数と用途

　加撚された糸は撚り回数によって、次のように呼び分けられている。ただし、明確に区分されているわけではなく概念的なものである。

①無撚糸…糸の長さ1m当たりの撚り回数（T/m）がごく少数の糸（主に長繊維糸用）。

②甘撚り糸…1 m 当たりおおむね 300 回以下の糸 (主に長繊維糸用、ニット糸用)。

③並撚り糸…300 〜 1000 回程度の糸 （主に紡績糸用）。

④強撚糸…1000 〜 3000 回程度の糸 (主に強撚糸織物用)。

なお、紡績糸は並撚り糸に、長繊維糸は甘撚り糸に属するものが多い。

　上記の分類では 1m 当たりの撚り回数で示したが、撚り数の表示方法は糸の組成によって異なるので注意を要する。綿糸は 1 インチ (2.54cm) 間の撚り数で、毛糸は 10cm 間の撚り数で、また、長繊維糸は 1 m 間の撚り数で表すことが多い。

　糸にかけた撚りの量は単位長さ当たりの撚り回数で表わすが、同じ撚り数でも糸の太さが異なると効果は違ってくる。太い糸では強撚となり、細い糸では甘撚りとなる。

新版
アパレル素材の基本

第5章　織　物

1 生地（Fabric）

　生地（ファブリック）とは、繊維を撚った糸を織ったり、編んだり、組ませたりして布帛にしたものの総称である。生地にする方法は長い間の生活の中でいくつも生み出されてきていて、それぞれ特別の呼び名で呼ばれている。

　糸を直角に交錯させて生地にする方法を織る（Weaving）と呼び、この技法で作られる生地を織物（Woven fabric）という。糸を直角でなく交錯させて生地を作る方法を組む（Braiding）と呼び、この技法で作られる生地を組物（Braid fabric）という。糸のループを絡ませて生地にする方法を編む（knitting）と呼び、この技法で作られるものを編物（knitted fabric）と呼ぶ。糸を結んで生地にする方法を結ぶ（knotting）と呼び、この技法で作られる生地を網物（Net fabric）という。生地に別の糸を刺して繍（ぬ）いかがり、新しい生地にする方法を刺繍（ししゅう＝Embroidering）と呼び、この技法で作られる生地を刺繍布（Embroidery fabric）という。繊維を絡ませて生地にする方法をフェルト化と呼び、この技法で作られる生地を不織布（non-woven fabric）という。また、生地に透かし目ができるものを特別にレースとして分類している。実用から自然発生的に生まれた生地はこれらの基本的手法を組み合わせた形でも使用されている。

2 織物（Woven fabric）

　織物（ウーブンファブリック）とは、経緯糸が直角に交錯して作られる生地である。現在使用されている生地の主力を占める布。

　織物の呼び名は複雑であるが、繊維から、糸使いから、織物組織、染

め仕上げ加工、規格等、と同じ織物でもいろいろな呼び名が付けられるのが普通である。

3 織物組織

織物完全組織の種類

一重組織	三原組織	（平織、斜文織、朱子織）
	変化組織	（三原組織を変化させたもの）
	特別組織	（蜂巣織、模紗織など）
	混合組織	（原組織と変化組織とを混合したもの）
重ね組織	緯二重組織	（緯糸だけが二重になっているもの）
	経二重組織	（経糸だけが二重になっているもの）
	二重組織	（風通織、裏縞織など）
	多重組織	（ベルト織など）
パイル組織	緯パイル織	（別珍、コール天など）
	経パイル織	（ビロード、シール、モケットなど）
	タオル組織	（片面タオル、両面タオルなど）
からみ組織	絽、紗など	
紋織組織	綸子、緞子、お召、ネクタイ、ブロケードなど	

　織物は経糸の間に緯糸を直角に交錯させる技術によって生み出されたもので、交錯する状態を織物組織（デザイン）と呼んでいる。この組織の方法は組織点の組み合わせなので種類が非常に多いが、表のように分類される。

　経糸と緯糸の交錯する状態を、経糸が緯糸の上に出る（浮くという）点で黒く塗り、組織の単位を示したものを完全組織図と呼ぶ。この繰り返しが織物になる。

織物組織の基本になるものは、平織、綾織（斜文織）、朱子織の３種で、これらの組織から多くの組織が作り出される。そこでこの基本の３種の組織を、織物の三原組織という。

3-1　平織

　経糸と緯糸が最も単純に交錯した簡単な組織であるが、地合は良く平滑で薄地で、組織としては最も丈夫な織物となる。したがって、実用化されている織物はこの組織が多い。

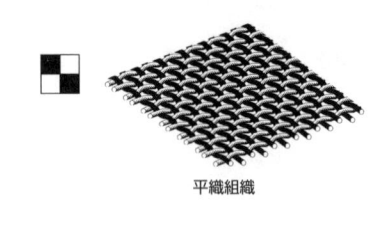

平織組織

3-2　綾織（斜文織）

　綾織（斜文織）は、織物の表面に綾線（斜文線）と呼ぶ線（または畝）のある織物である。通常、右上に走る右綾を表にしているが、

綾織（両面斜文織）組織

左綾もある。綾織は糸の交錯点が平織より少なくなる組織なので、生地は平織よりふっくらし、交錯する組織点が平織りより少なくなり、光沢が出て、柔軟で、しわになりにくい織物になる。綾線も太さや配列や色が選べるので、さまざまな意匠効果を期待できる。

　完全組織の緯糸１本目の浮き沈みにより表し、１／２斜文と表示する。また、３本の組み合わせで完全組織となることから三つ綾とも呼ばれる。代表的な綾織には、ジーンズの片面斜文織や千鳥格子やタータンチェックの両面斜文織がある。

3-3 朱子織

朱子織は織物の表面に綾線（朱子線とも呼ばれる）の目立たない織物である。綾線を目立たなくさせるのに、飛びという技法を用いる。飛び

朱子織組織

は、組織点を離れさせるという意味で、ランダマイズ化させる技法である。一般に5枚朱子、8枚朱子、12枚朱子が広く用いられる。2飛び5枚朱子とは図のような組織の朱子をいう。

3-4 変化組織

これらの三原組織を変化させてさまざまな組織を作ることができる。無限に可能である新しい組織の創造には、伸ばし、反転、ずらし、組み、重ね、追加などの技法が用いられている。

3-4-1 伸ばし

経畝織

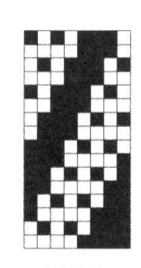

急斜文織

3-4-2 反転

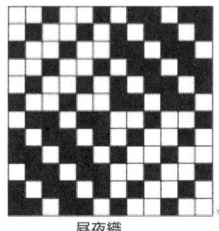

昼夜織

3-4-3 ずらし

杉綾

3-4-4 組み

網代織

3-4-5 重ね

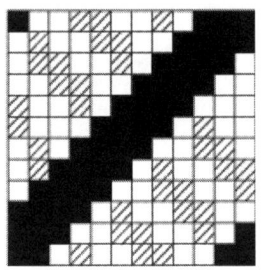

重ね斜文織

3-4-6 追加

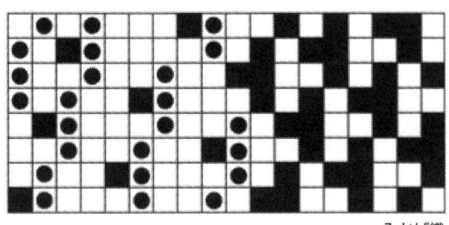

みかげ織

3-5 特別組織

　デザイン効果、構造外観が特別な組織をしている織物に、蜂巣織（はちすおり）、浮き織、模紗織（もしゃおり）、梨地織（なしじおり）がある。

3-5-1 蜂巣織

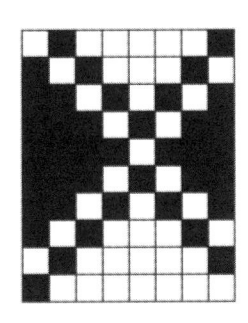

蜂巣織

3-5-2 浮き織

浮き織

3-5-3 模紗織

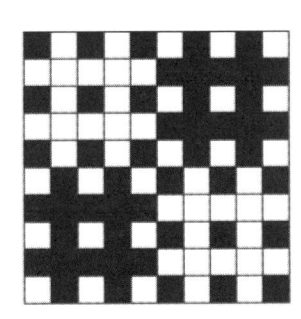

模紗織

3-5-4 梨地織

梨地織

3-6 重ね組織

102

　生地が一重でなく二重、三重になっている織物である。両面織物になり表裏異色の織物や袋織物ができる。緯糸のみが二重の縫い取り織のような緯二重織、経糸のみが二重のピケのような経二重織と経緯二重織、経緯糸とも二重の風通織のような二重織がある。

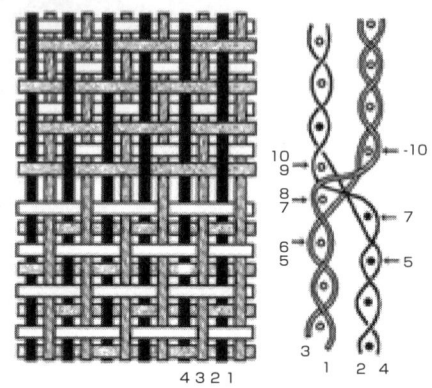

3-7 パイル織

　経または緯二重織の応用で、地組織のほかにさらにパイル糸を用いる織物である。ビロードやタオルに代表される経パイル織、コール天、別珍に代表される緯パイル織がある。

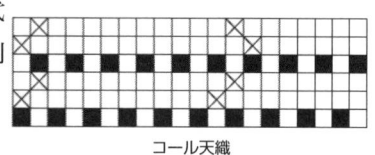

コール天織

3-8 搦（から）み組織

経糸を2本1組として、交互に搦み合いながら組織する織物である。薄地で透かし目のできる生地となる。搦み織のみの生地は紗（しゃ＝gauze）といい、平織と搦み織を組み合わせた生地を絽（ろ＝leno）という。2本1組でなく多本数1組にして搦み織、模様のできる生地を羅（ら）という。

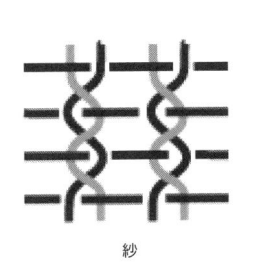 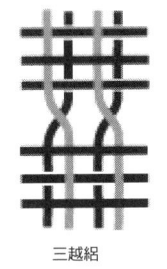 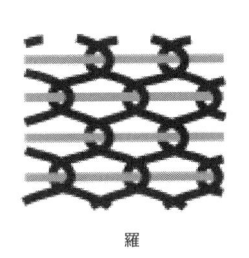

紗　　　　　　三越絽　　　　　　羅

3-9 紋織物

綜絖（そうこう）が32本くらいまでの比較的小さな繰り返し柄は、ドビー装置を付けたドビー織機を使って織ることができる。これ以上の繰り返し柄や絵柄は、経糸1本1本を別々

紋織

に上下させることのできるジャカード装置を付けた織機で織ることができる。上糸になる経糸を1本1本上下にコントロールして組織する織物となるので、最小限経糸の太さの色点の集まりとしての生地が作れることになる。経糸を1本ごとに上下できるジャカード装置なしには作れな

いので、ジャカード織とも呼んでいる。色点はドットとしてデジタル表示できるので、コンピューター制御のジャカード装置へと進展し、複雑な絵柄の織り柄や、ニーズに即応した織り柄も容易に作れるようになっている。

4 綿織物

綿織物は、短繊維である綿繊維に標準撚り（普通撚り）を加えて紡績された糸が用いられる。綿織物では通常、経糸には緯糸よりやや多めの撚り糸が使用される。また毛羽が少なくシャリ感やドライ感のある生地には強撚糸を用い、逆に毛羽が多くふっくら感のある生地にはより少ない撚りの甘撚糸を用いる。また毛羽が少なく、強度や光沢などが求められる高品質な生地には、より細くて長い高級綿繊維を用い、さらに繊維配列を良くしたコーマ糸やコーマ糸をシルケット加工した糸が用いられる。

綿織物は糸使い、織物組織、仕上げ加工によって多くの種類がある。糸使いは、繊維の太さによるものと、糸の太さや撚り、合糸などのむら糸使い、強撚糸使い、２本使い（引き揃え）、色糸使いによって異なってくる。織物組織でも、表面表情は、変わってくる。その上、仕上げ加工では、起毛や剪毛（せんもう）の度合い、表面処理によって多様な綿織物が作られている。

4-1 綿織物マップ

綿織物の種類をマップで示すと次頁の図になる。

4-1　綿織物マップ

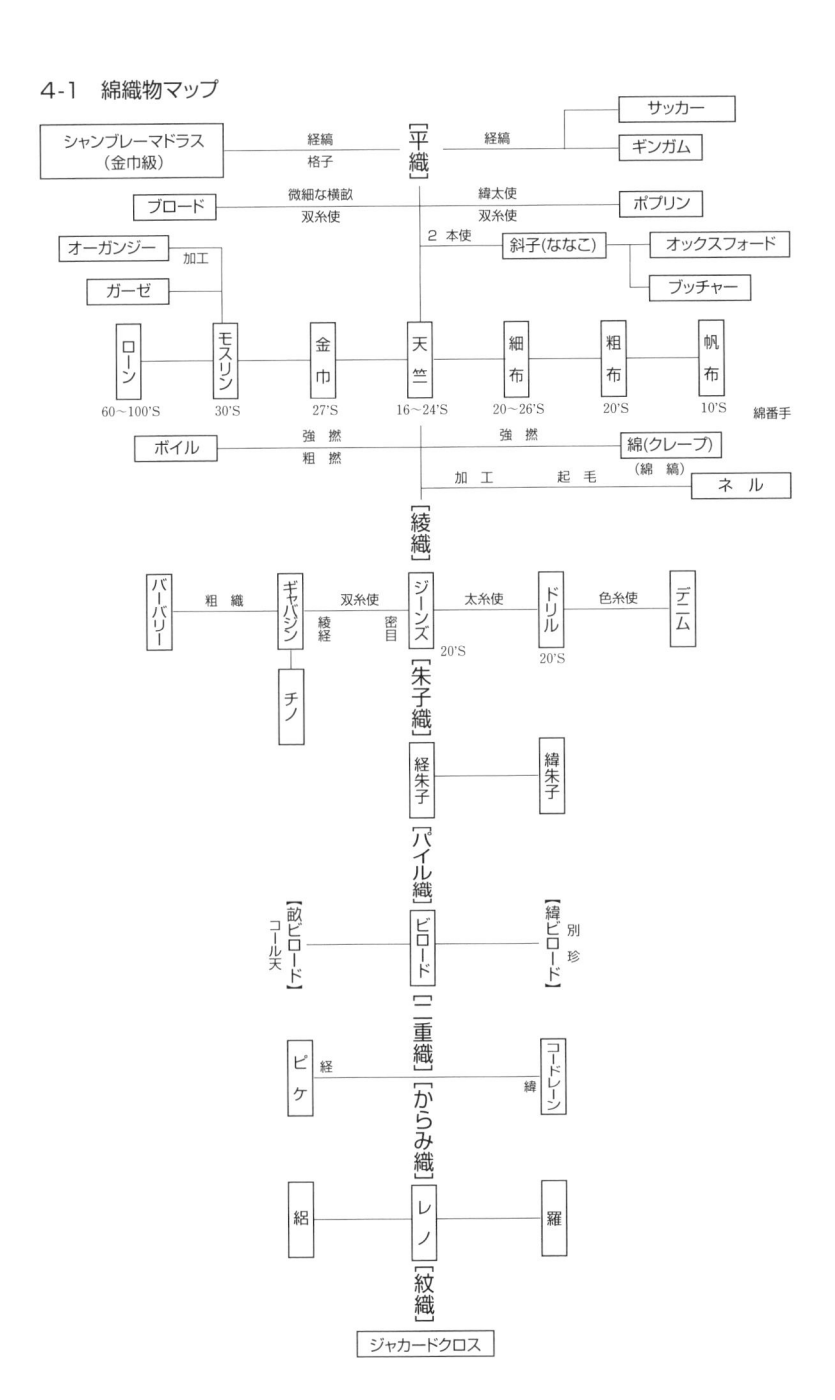

4-2 詳細

4-2-1 天竺

　T-cloth といわれる生地で、細布（さいふ）より細糸使いの未晒し糊（のり）付け布（gray sheeting）である。100 本天竺は、1 インチ当たり経緯糸本数が 100 本、20 ／ 1、幅 30 インチの生地のことである。晒し精練白地や反染めや捺染して使用する。

4-2-2 金巾

　「かなきん」または「かねきん」と読む。シャーチングと呼ばれる生地で、金巾はポルトガル語のカネキン canequine に由来する。経緯 27 番手以上の薄地平織綿布である。規格品は 2003 番、別名 03（まるさん）で、経 30 番手・緯 36 番手使い 30 インチ幅で、プリント用生地である。

金巾（シャーチング）

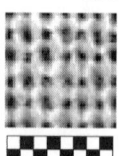 

Shirting
27/1 以上 W/F 合計 90 本以上、平
加工品：
　　キャリコ：目つぶし光沢、30 〜 40/1
　　キャンブリック：薄地晒金巾、40/1

4-2-3 キャラコ

　金巾を漂白糊抜きしたものである。キャラコはインドの捺染用綿布である。シャツ、ブラウス地に広く用いられる。キャリコとも表記する。

キャラコ

 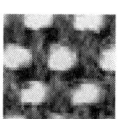

Calico
27/1 以上 W/F 合計 90 本以上、平
加工品：
　　キャリコ：目つぶし光沢、30 〜 40/1
　　キャンブリック：薄地晒金巾、40/1

4-2-4　モスリン

モスリン

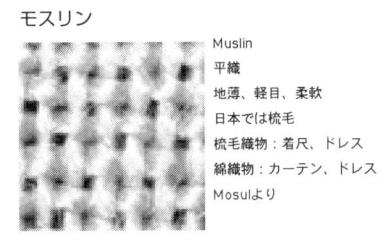

Muslin
平織
地薄、軽目、柔軟
日本では梳毛
梳毛織物：着尺、ドレス
綿織物：カーテン、ドレス
Mosulより

メソポタミア（現イラン、イラク）のモスル産の織物からきた名前で、羊毛でも作られる。羊毛の場合、日本では薄地の柔軟な平または綾織の梳毛織物である。メリンスとかモスとも呼ばれ、捺染され着尺やドレス、ブラウスに使用される。

4-2-5　ローン

ローン

フランスのリネン織物が起源で、薄地で、目の透いた、手触りのやや硬い織物である。ボイル、オーガンジーより柔らかい。60番手単糸以上のコーマ糸使いの平織物である。ハンカチ、ブラウス、刺繍生地に用いられる。

4-2-6　ガーゼ

40／1の甘撚り糸使いの織りめの粗い平織物である。一般に薄い糊付けをする。医療用には糊は用いない。寝間着や肌着に用いられるが、最近ではダブルガーゼのワンピース、ブラウス、スカートなどのタウンウエアとしても多く見られるようになった。

4-2-7　オーガンジー

平織の薄地で、軽目で透かし目のある硬い手触りの織物である。夏用ドレスやブラウスに用いられる。

4-2-8 オックスフォード

　斜子（ななこ）組織の織物の代表的生地である。緻密な織物にもかかわらず柔軟で、平滑感がありしわになりにくく、通気性があって地厚感がある生地である。ドレスやスポーツシャツに好まれる。ブッチャーは斜子の乱れ組織の生地である。

オックスフォード

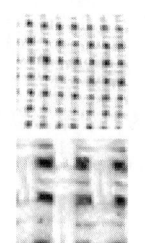

Oxford
斜子織　2 x 2or2x1or3x3
緻密で柔軟、平滑感、しわ少
通気性大、地厚感
ドレス、スポーツシャツ

4-2-9 ブッチャー

　不規則斜子織。布面に凹凸があり、さらさら感がある織物である。異番手使いや節糸使いが多い。タウンウエア、夏の和服地や子供服に用いられる。

4-2-10 ブロード

　綿40番手以上の糸を使った地合が密で温雅な光沢のある、微細な横畝のある緯密平織物である。コーマ糸使いで織り上げた後、シルケット加工する。ブロー

ブロード

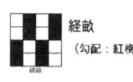

平　　　　　経畝
（勾配：紅梅）

Broad
平織/経畝織
スパン織物：綿、毛、絹、化合繊、混紡、交織
畝の大きさ：
ブロード＜ポプリン＜タッサ＜グログラン＜オットマン
太/細の畝の組合せ：ベンガリーン

ドはもともと米国からきた綿の広幅生地ブロードクロスから名付けられたものである。子供服、ワイシャツ、ブラウスに用いられる。

4-2-11 ポプリン

　元は絹毛交織織物で法衣に用いられたが、現在は綿糸使いの緯太糸使いの横畝平織物である。経緯

ポプリン

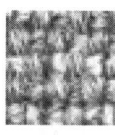

Poplin
平織
緯太使い
よこ方向細い畝
柔軟
絹毛織物より
Avignonがpope領に起因
コート、ドレス、ユニホーム

双糸使いだが、単糸使いを単糸ポプリンと呼ぶ。横畝の特に太いのをタッサーという。コート、ドレス、ユニフォームに使われる。

4-2-12 シャンブレー

経糸に色糸、緯糸に晒しまたは異色糸を使った平織物で、霜降り効果のある織物である。経糸と緯糸の配列を黒と濃色（黒と赤、黒と緑など）や補色関係にして玉虫効果が得られることも特徴である。

4-2-13 ギンガム

経緯糸に色糸や晒し糸を組み合わせて作った格子縞の先染めの平織物である。20番手ものは20ギンガム、30番手ものは30ギンガムと呼ぶ。細番手使いの高級ギンガムもある。

ギンガム

Gingham

平織、色格子柄織物
20/1、W+F100本ニマル
30/1、W+F130本サンマル
60/1、W+F180本ロクマル

4-2-14 サッカー

シャーサッカーともいう。織物の表面にしじらと呼んでいる、縮緬じわとは異なるカジュアル感のある波状のシボ立ちがある生地のことである。その点からしじら織ともいわれる。2重ビームを用いて張力差を作って織り上げられる。強アルカリ処理がなされるリップルとは作り方が異なる。しわになりにくいので、夏の肌着、ドレス、ブラウス、パジャマ、スポーツウエアなど広く使用される。

サッカー

4-2-15 綿（クレープ）

綿（クレープ）

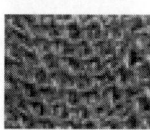

crape
和装：縮緬、洋装：クレープ
しぼ織物の総称　Crape
W：無撚、F：強撚糸使いのしぼ織
平織
20-80/2
ss/zz フラット・クレープ（二越縮緬）
s/z：一越縮緬
ssss/zzzz：四越縮緬　うずら縮緬
ssssss/zzzzzz：鎖縮緬
sorz のみ：楊柳

しぼの強さ
パレス＜フラット＜デシ
W/P：強撚：ジョーゼッ
トW：強撚
F：無撚：オリエンタル
　　クレープ

緯糸に綿の強撚糸使いで、左／左／右／右と打ち込んで、しぼを出した平織物である。シャリ感があり、しぼがあるので表面が凹凸になっていて、さらさらした触感がある。片撚りを使用すると楊柳（ようりゅう）になる。夏肌着、スリップ、ブラウス、ワンピースに用いられる。

4-2-16 ボイル

薄くて軽い透かし目の織物で、経緯糸に強燃ボイル撚り糸を使うため、固く締まってシャリ感が出る。糸の組み合わせで多くの変化ボイルがある。肌着や子供服、ブラウス、ワンピースに用いられる。

4-2-17 ネル

起毛した綿織物である。

4-2-18 ジーンズ

経緯20／1以下の糸使いの2／1（片面斜文織）斜文織物で、20／1使いを20ジーンズと呼び、表に経糸が多く表れ、裏に緯糸が多く表れるため生地の表裏が異なる色となる。シルケット糸使いもある。細三つ綾ともいう。スポーツウエア、ユニフォームに用いられる。

4-2-19 ドリル

経緯糸に20番手単糸以下を使い、三つ綾か四つ綾の密な生地である。

日本では太綾ともいい、三つ綾を雲斎、四つ綾を葛城と呼んでいる。無地染めで使用される。葛城の双糸使いは米国の陸軍士官学校のあるウエストポイントで軍服地によく使われる。杢糸使いの雲斎を小倉織という。

ドリル（太綾）

Drill
2/1、2/2、3/1 厚地斜文織物
20/1 以下　雲斎：14-20/2 使：足袋底
葛城：10-20/1 使
三つ綾　四つ綾
ワーキングウエア生地

4-2-20　デニム

ドリルの色糸使いで、経色糸、緯晒し白糸使いの三つ綾か四つ綾の綿織物である。表面に経、裏面に緯糸が多く出る組織にしている。もともとが作業服用の生地なので、経糸はインディゴブルーの

デニム

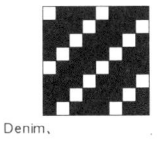

Denim、
2/1or3/1
20s以下W色F晒or色糸
厚手：14oz/yds2 薄手：7oz/yds2
インディゴブルー色糸使基本
ストーンウオッシュ仕上など

堅牢度の高い濃紺色が基本である。使い古しの流行もあり、ストーンウオッシュなどの加工品も多い。重めで厚手のものは14オンス／平方ヤード、軽めで薄手のものは7オンス／平方ヤードである。色褪せ（いろあせ）デニムやストレッチデニムなど応用生地も多く出ている。カジュアルスラックス、アウトウエア、帽子などにも用いられる。

4-2-21　ギャバジン

綾線がはっきりしていて、平滑な生地である。30 〜 40 番手双糸使いの主に四つ綾の組織は、2／2か3／1か2／1の正則斜文織

ギャバジン

Gabardine
2/2 or 3/1 or 2/1　斜文織
密　綾線：急、明瞭　　平滑
W/F：2/60-72 使　200-300g/m²
W/F：30-40/2 使
制服、コート生地
バーバリー：防水加工商標

であるが、経糸密度は緯糸密度の2倍以上で、綾線が急角度になる。制服やコート生地に使用される。綿ギャバジンにバーバリー社（英）の登録商標の「バーバリー」があり、防水通気性ギャバジンとして有名である。ギャバジンの起毛品はビエラで、手触りが柔らかく軽く温かい生地である。

4-2-22　チノ

　高級綿ギャバジンで、米軍服用生地でウエストポイントとも呼ばれる。コーマ糸の30〜40番手の双糸使いで、シルケット加工とサンフォライズ加工した生地である。寸法安定性が良く絹に似た風合いでしかも強靭な生地である。

チノ

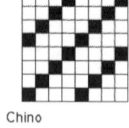

Chino
1／3斜文織W36/2F24/2使
コーマ・シルケット加工
綾線：布面で急
米国軍制服地（ウエストポイント）、
スラックス

4-2-23　バーバリー

　綿ギャバジンに防水加工したバーバリー社の商標登録商品名である。

4-2-24　コーデュロイ

　王様の畝と名付けられるくらいに、縦方向に美しい畝を示す生地である。コール天ともいう。緯パイル織で浮いた緯毛を切ると毛羽の畝になる。畝幅は普通3mm程度である。畝幅で太、中、

コーデュロイ

Corduroy（王様の畝）
緯パイル織　主に毛緯パイル
たて方向に畝（別珍は全面）
厚手、重目、丈夫
畝幅：太　　：太コール
　　　　3mm 程度：中コール
　　　細　　：細コール
毛抜き策：W(ファスト)、V(ルーズ)
婦人子供服地

細、極細コールと呼ばれ、大小組み合わせた親子コールもある。遠州天竜社はその加工で有名である。経1本で毛を押えるVウイーブは毛抜

けしやすいので、経3本で押えるWウイーブが好まれる。コーデュロイは厚手で重めの丈夫な生地で、カジュアルでスポーティーな素材として用いられる。

4-2-25 別珍

全面均一に毛羽の織物である。緯パイル織で浮いたパイル糸を切って毛羽にする。浮きの長さによって毛羽の長さが調節される。地組織によって平別珍、綾別珍がある。パイル糸2〜5本ごとに地緯糸が入る。綾別珍は、毛羽が密で高級とされる。冬の婦人服や子供服地に用いられる。

別珍

 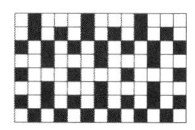

Velveteen
綿ビロード、唐天ともいう
緯パイル織　主に綿緯パイル
平別珍・綾別珍
パイル糸2-5本/地緯糸1本
綾別珍高級　冬婦人子供服地

4-2-26 ピケ

普通の織物と異なり、経緯糸が重なる重ね組織で織られている。経糸2本と緯糸1本で織られる経二重織で、細い糸の表地を太い糸の裏地が引っ張る形で、表地が浮き上がって横方向に畝ができる。緯芯糸を入れて畝の高さを大きくでき、畝の幅も変えられる。

縦方向の畝は緯二重織で作ることができ、ベッドフォードコード織と呼んでいる。現在では緯二重織のほうが作りやすいので、これらがピケと呼ばれている。

乗馬服、ズボン地、婦人・子供服地、スラックス、帽子、シャツなど

ピケ

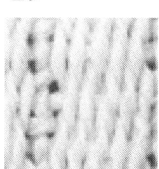

Pique
経二重織
平＋経太糸浮き＋緯芯糸
接結による畝
縦畝：コード
横畝：リブ
太めの畝　本来は横畝
ベッドフォードコードが多い
アート・ピケ

に用いられる。

4-2-27　コードレーン

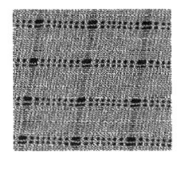

コードレーン

　緯二重織で、ベッドフォード
コード織と呼ばれる生地の商標
名であり、コード織が正規であ
る。杢の地に白い縦畝のある、
硬めの手触りで、さらさらして
いる生地だ。平織の変化組織の
一つである緯畝織と平織の混合

condlane
緯畝織
太い畝が、たて方向
シャキッとした硬め風合い
夏服地：コードレーンは商標

組織に、平織の地に引き揃えた太糸によって縦畝を作った緯二重織生地
で、地経、畝経の2重ビームで織ることができる。経糸に色糸を配して
シャンブレーにしたものもある。手触りや風合いから初夏の服地として
最適とされ、夏物紳士や婦人服生地に使用されている。

4-2-28　レノ

レノ

Leno ,Gauze,Doup
綟織（もじり）
紗：Gauze　絽：Leno
からみ＋織組織：透かし模様
紗、絽＝紗＋平、羅＝移動紗
夏着尺地
ワンピース、ブラウス地

　レノ組織を使った透かし目の
ある薄地の生地である。レノ組織
は平行な経糸が絡み合った状態
で緯糸を入れて作るもじりとか
搦みと呼ばれる織り方である。レ
ノ組織のみの生地を紗（しゃ＝gauze）、レノ組織と平織組織の混合組
織を絽（ろ＝leno）、移動紗組織を羅（ら＝doup）と呼ぶ。バリエーショ
ンは多い。三越絽（みこしろ）は3本平織が入って搦みが1本入る変化
絽織である。羅織は古くから最も貴重な織物とされ、正倉院の御物にも
現存する技法で、搦ませる経糸の数が紗、絽の2本に対し3本以上であ

り、3本1組の羅を3本羅、5本1組の羅を5本羅とか籠緱(ろうれい)と呼ぶ。夏着尺地、ワンピース、ブラウス地に使用される。

4-2-29　ジャカードクロス

ジャカード織機を使う必要のあるクロスであることから広まった用語である。大きな柄や模様を織物上に表わす紋織物を作るには、経糸を上下運動させなくてはならない。経糸32枚

ジャカードクロス

Jacquard cloth
紋朱子
　　経朱子（表組織）の他に
　　緯朱子（裏組織）の柄
綸子：生織物、昼夜組織
緞子（どんす）：練織物
繻珍（しゅちん）：練織物
ブロッケード：柄もの

組織まではドビー装置で織り出せるが、それ以上はジャカード装置を必要とする。そこでドビークロスとジャカードクロスの仕分けができた。ジャカードクロスはジャカード装置を必要とする紋織物、すなわちダマスク、ブロッケードなどである。

5　ウール織物

ウール織物は大別すると、梳毛織物（ウーステッド織物）と紡毛織物（ウーレン織物）に分けることができる。

梳毛織物は、梳毛糸と呼びクリンプが多くて細い羊毛繊維を、より平行に並べて毛羽の少ない糸で織った織物で、薄地で織物表面に組織が表われるものが多い。トロピカル、サージ、ギャバジンなどである。

紡毛織物は、紡毛糸と呼びクリンプの少なくて太い長い羊毛繊維を、ランダムでボリュームある糸にして織った織物で、縮充して起毛し、毛羽を起こして剪毛して仕上げるもので、厚地で織物表面に組織がほとんど見えないものが多い。ツイード、メルトン、ビーバクロスなどである。

5-1 ウール織物マップ

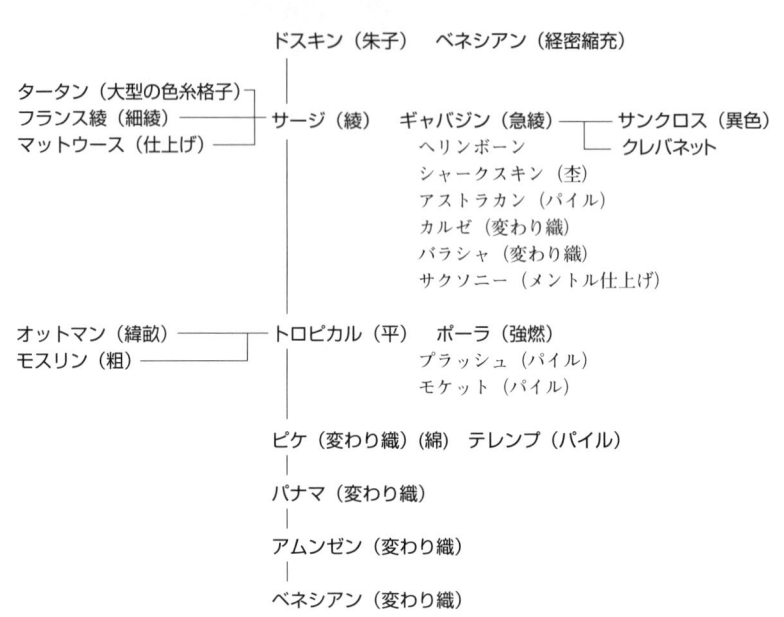

```
┌─ 紡毛……ウーレン（Woolen）…短繊維─軽くて暖かい
│        フラノ、カシミヤ、フランネル、ベロア、ビーバー
│        ホームスパン
│        ツイード
└─ 梳毛……ウーステッド（Worsted）…長繊維─平滑で光沢がある
```

```
                            ドスキン（朱子）  ベネシアン（経密縮充）

タータン（大型の色糸格子）┐
フランス綾（細綾）      ├─ サージ（綾）  ギャバジン（急綾）┬─ サンクロス（異色）
マットウース（仕上げ）  ┘                ヘリンボーン    └─ クレバネット
                                        シャークスキン（杢）
                                        アストラカン（パイル）
                                        カルゼ（変わり織）
                                        バラシャ（変わり織）
                                        サクソニー（メントル仕上げ）

オットマン（緯畝）┐
モスリン（粗）  ┴─ トロピカル（平）  ポーラ（強燃）
                                    プラッシュ（パイル）
                                    モケット（パイル）

ピケ（変わり織）（綿）  テレンプ（パイル）

バナマ（変わり織）

アムンゼン（変わり織）

ベネシアン（変わり織）
```

最近では紡毛糸でも梳毛織物を、梳毛糸でも紡毛織物が作られるので、紡毛、梳毛の名を織物の頭に付けて区別するものもある。

5-2 詳細

5-2-1 サージ

梳毛織物の代表的な織物である。綾線が45度の２／２綾組織が見え

る両面織物で、2／48、2／36使いのクリア仕上げの梳毛織物である。実用的で、広く紳士服、学生服、婦人服、ドレス、コートなどに使用されている。

5-2-2　ギャバジン

急斜文梳毛織物で、組織が見えるクリア仕上げの生地である。スーツ、コート、ユニフォームなどに用いられる。

5-2-3　トロピカル

梳毛使いで粗密度のさらっとした平組織の生地である。トロピカルは「熱帯の」という意味で、熱帯植民地向け生地であった。夏の紳士服、学生服に広く使用される。混紡、交織生地も多い。

5-2-4　ポーラ

経緯糸ともに強撚使いの三子（みこ）撚り梳毛織物で、上撚りは右撚りが普通である。杢糸使いの霜降りも多い。手触りが硬く、さらさらして落ち着いた光沢が特徴である。モヘア使いが基準である。

サージ

Serge　ラテン語serica絹
2/2斜文織
綾線右４５度
背広、コート、スラックス

ギャバジン

Gabardine
2/2 or 3/1 or 2/1　斜文織
密　綾線：急、明瞭　　平滑
W/F：2/60-72 使　200-300g/m²
W/F：30-40/2 使
制服、コート生地
　毛）クレバネット（緯）
　バーバリー：防水加工商標

トロピカル

Tropical
薄地梳毛織物　粗　さらっと感
平織
200g/m²程度
夏紳士服地

ポーラ

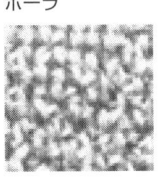

Poral（毛孔の意）
平織
W/F:モヘア梳毛使
強撚３子撚使
光沢、粗硬、サラサラ
夏服地

5-2-5 ウールジョーゼット

フィラメント分野の経緯縮緬のウール素材である。平織で、経緯糸に右2本・左2本を交互に使用した強撚梳毛織物である。アムンゼン（梨地）組織にして、より縮緬ライクにしているものもある。ドレープが良く出る生地とされ、和服地、婦人服、ドレス、スカート、スーツ地に多用されている。

ウールジョーゼット

Georgette Crepe
薄地　しぼ
平織
W/F 共：強撚糸使

s/s/z/z
夏ドレス、ブラウス生地

5-2-6 ドスキン

雌鹿（ドウ）の毛皮（スキン）の外観の高級毛織物である。普通、密な5枚朱子組織で縮充起毛し、短く剪毛しプレス仕上げをする。礼服やスーツに使用され黒が多く用いられる。梳毛使いが主流になっている。

ドスキン

Doeskin
5枚経朱子織
雌鹿の毛皮の意味　光沢
紡毛（現在梳毛）ドスキン仕上
礼服地

5-2-7 モスリン

メソポタミア（現イラン、イラク）のモスル産の織物からきた名前で、日本では薄地の柔軟な平または綾織の梳毛織物である。メリンスとかモスとも呼ばれ、捺染され着尺やドレス、ブラウスに使用される。綿でも作られ、綿モスリンという。

モスリン

Muslin
平織
地薄、軽目、柔軟
日本では梳毛
梳毛織物：着尺、ドレス
綿織物：カーテン、ドレス
Mosul より

118

5-2-8 バラシャ

2／36の梳毛糸を使い、右急斜文に左緩斜文のある梳毛織物で、飛び斜文で織ることができる。クリアカット仕上げされる。カシミヤよりも、粗で太い糸を使う。

バラシャ

Barathea
斜文織
飛び斜文：2飛、3飛、5飛
梳毛2／36使
急斜文線と緩斜文線のクロス模様
背広服地、スカート、スーツ生地

5-2-9 ヘリンボーン

サージの変化組織の一つの梳毛織物で、2／48、2／36使いの2／2破れ斜文織で、斜文線の破れと呼ばれる変わり目がはっきりと出た織物である。「ニシンの骨」の意味で、背広やコートの生地に使われる。

ヘリンボーン

Herring Bone
ニシンの骨の意
2/2破れ斜文
山形斜文織
背広、コート生地

5-2-10 シャークスキン

明色の地に濃色のジグザグ斜め柄が左上がりに走る織物で、2種類の濃色と明色の色糸を経緯ともに1本交互配置した2／2右綾で作られる梳毛織物である。クリアカット仕上げをする。さらりとした風合いで、背広やドレスに使われる。シャークスキンは「鮫（さめ）の皮」の意味である。紡毛織物もあり、婦人コートやジャケットに使われる。

シャークスキン

Shark Skin
鮫皮の表現または硬い手触り
2/2斜文織
色糸／白糸or杢糸の交互配列使い
クリア仕上（剪毛）
背広地、コート地

5-2-11 カルゼ

英国の地名 kersey に由来する名前で、元はチェビオット（cheviot）羊毛の紡毛糸使いの経糸に杢調糸、緯糸に単糸を使った厚地で、綾線のはっきりした正斜文組織で急斜文線にした急斜文ドビー織物もある。縮充を十分にしてビーバ仕上げした光沢のある丈夫な生地である。英国の軍服生地である。コート、ブレザー、ユニフォームに用いられる。

カルゼ

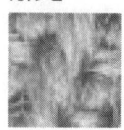 

Kersey
6-12枚ドビー斜文織
W:霜降り双糸or杢糸使　F:単糸使
急斜文綾目はっきり　厚地
非常に丈夫
コート、ブレザー、軍服生地
綿カルゼ：ユニフォーム生地

5-2-12 アムンゼン

細かい凹凸のある表面の縮緬状のシボを梨地組織で出した高級梳毛織物である。手触りが良く、捺染できる梳毛織物である。婦人コート地、ドレス、服地、着尺地に使われる。

アムンゼン

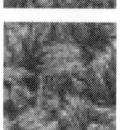 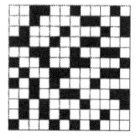

Amunzen
梨地織
組織による「しぼ」外観
婦人コートドレス生地

5-2-13 フランス綾

斜文線は織物の重要な意匠効果要因で、その一つの経浮き斜文である。長い経糸の浮きが幅広い畝を作り出し、広い畝を利用して変化させることができる梳毛織物である。ドレス、スーツ、コート生地に用いられる。

5-2-14 ブッチャー

通気性が良く、柔軟で布面に凹凸があり、さらっとした感触があり、

布面に方形の模様をもった織物である。

　綿織物に多用されていた組織が毛織物にも適用されたもので、組織は不規則斜子（ななこ）である。斜子の糸本数や太さを変えて作ることができる。タウンウエアや子供服や夏の和服に用いられる。

5-2-15　フラノ

　紡毛糸の平または斜文組織織物に軽い縮充起毛のフランネル加工を行った織物である。婦人服地、紳士、学生服地である。

5-2-16　ツイード

　英国ツイード地方で作られる英国チェビオット（cheviot）種の羊毛で作られる手紡ぎ紡毛織物で、甘い撚りの太番手毛糸使いで2／2綾の生地である。原則的には仕上げ加工は行わない。粗剛な感触や風合いが好まれる。ジャケット、コート、スカートに用いられる。ホームスパンはこの平織物である。

5-2-17　サクソニー

　もとはスペインメリノをサキソニーで品質改良したドイツサクソニーメリノ羊毛使いのメルトン仕

フラノ

Flano
平または 2/2 斜文織
紡毛 30-40/1 使
軽い起毛（フランネル仕上）
チーズル起毛

ツイード

Tweed
斜文織2／2
太毛糸使用で縮絨をしない
手織斜文紡毛織物
スコッチツイード
粗剛感
cf:ホームスパン：平、
　　ツイード：斜文（本来）
背広、コート、ジャケット

サクソニー

Saxony
2/2 斜文織
メルトン仕上
背広、コート、ジャケット

上げの柔軟な生地である。紳士スーツ地、婦人服地に用いられる。

5-2-18　ホームスパン

　太い紡毛糸で繊度不揃いな糸を、粗く手織機で平織にし、縮充しないで仕上げた風格ある素朴な織物である。もともとはスコットランドの織物で、背広、ジャケット、帽子に使用される。

5-2-19　カシミヤ

　毛織物の斜文組織の一つ。カシミヤ風の光沢があり、軽く、滑らかな感触がある。飛び斜文で右急斜文線と左緩斜文線が表れ、クリアカット仕上げする。ドスキン風に仕上げたものをカシドスと呼ぶ。バラシャより密な織物である。背広、スーツ、スカートに用いられる。

カシミヤ

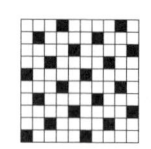

Cassimere
飛び斜文織
クリヤカット仕上げ
ドスキン仕上げ：カシドス
礼服地

5-2-20　マットウース

　マット、すなわち斜子織のウーステッド（梳毛織物）の意味で、日本独自の業界用語である。

マットウース

梳毛糸
斜子織
緻密で柔軟、平滑感、しわ少
通気性大、地厚感
ドレス、スポーツシャツ

5-2-21　ベネシアン

　5枚または8枚の朱子織物で、急な朱子線が表れている。背広やコートに用いられる。

ベネシアン

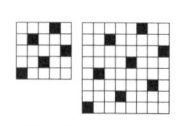

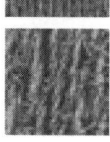

Venetian
5枚or8枚経朱子織
W密毛縮絨柔軟仕上
急朱子線
綿はシルケット糸使用
オーバドレス生地

5-2-22 オットマン

経畝織で広幅の横畝の生地である。

オットマン

 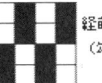

経畝
（勾配：紅梅）

Ottoman
平織／経畝織
スパン織物：綿、毛、絹、化合繊、混紡、交織
畝の大きさ
ブロード＜ポプリン＜タッサ＜グログラン＜オットマン
太／細の畝の組み合わせ＜ベンガリーン

5-2-23 プラッシュ

経毛添え毛織物で、毛経で作った毛羽が表面を覆っている。ベルベットと同様だが、毛羽はやや硬い。無地、捺染もの、毛伏せやエンボス加工もある。フェークファーの主流である。

5-2-24 モケット

経毛添え毛織物で毛経に雑種羊毛を使っている。毛切りしたものや、わなモケットもある。金華山織もこれである。車などの座席シートに広く使用される。全面毛羽立てしたものをテレンプという。

5-2-25 クレバネット

英国のクレバネット社の登録商標名で、通気性防水加工した急斜文梳毛ギャバジンのことである。

6 長繊維織物

絹も化合成繊維も、いずれも長繊維（フィラメント）からできている。長繊維とはすでに述べたように、連続した長いつなぎのない1本の繊維の集まりである。長繊維の糸で織ったものを、長繊維織物という。この織物は、古くからの絹織物の伝統を引き継いで発展している。

長繊維は撚りをかけると、糸の間にエネルギーを蓄えることができる。

6-1　長繊維織物マップ

長繊維 ─┬─ 無撚 ─────── 羽二重
　　　　└─ 強撚 ─────── 縮緬(5分練)・お召(本練)

短繊維 ─┬─ 紡績糸 ─────── 銘仙(7分練)・富士絹(7分練)
　　　　└─ 繭屑 ─────── 真綿

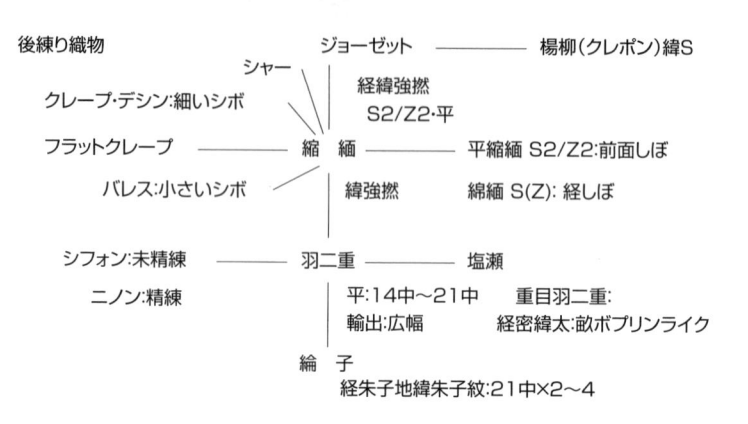

後練り織物　　　　　　　　　ジョーゼット ─────── 楊柳(クレポン)緯S

シャー
クレープ・デシン:細いシボ　　　　経緯強撚
　　　　　　　　　　　　　　　　　S2/Z2・平
フラットクレープ ─────── 縮　緬 ─────── 平縮緬 S2/Z2:前面しぼ
　　バレス:小さいシボ　　　　　緯強撚　　　綿緬 S(Z): 経しぼ

シフォン:未精練 ─────── 羽二重 ─────── 塩瀬
ニノン:精練　　　　　　　　平:14中〜21中　　　重目羽二重:
　　　　　　　　　　　　　　輸出:広幅　　　　　経密緯太:畝ボプリンライク
　　　　　　　　　　　　綸　子
　　　　　　　　　　　　経朱子地緯朱子紋:21中×2〜4

先練り織物

　　　　　　　　紬 ─────── 銘　仙

　　　　　　　　　　　　　　平・経密
　　　　　　　　　　　　　　光沢・張り・平滑

　　　　　　　　お　召 ── タフタ ── ファイユ ─────── グログラン

　　　　　　　　　　　　　　平・経密　　　　　　　平・経諸糸緯片太
　　　　　　　　　　　　　　経 S または Z／緯S2/Z2　畝:ポプリン状
　　　　　　　　　　　　　　腰しぼあり　　　　　　琥珀:細糸密

　　　　　　　　緞　子 ── 後練り綸子 ── ダマスク
　　　　　　　　　　　　経朱子地緯朱子紋:21中×2〜4

エネルギーを蓄えた状態を固定して、水や熱によってエネルギーを放出すると、糸の形状が変化する。糸のときにセットするのが、一般の織物や撚り織物である。織物にしてからエネルギーを放出すると、織物の表面の全面に細かい縮みじわができる。これをしぼといい、しぼをもつ織物をしぼ織物、縮緬（ちりめん）、クレープ（crepe）と呼ぶ。しぼ織物はドレッシーで、エレガントでロマンチックな女性らしい優雅な雰囲気を醸し出す独特の風合いと感触がある。織物になってからセリシンや糊を落とすので、後練り織物とも呼ばれる。

　撚りをかけずに織物にしたのが、羽二重や塩瀬や綸子である。

　糸でセリシンを除いて（精練という）から織物にした織物を、先練り織物という。お召、銘仙、紬、緞子、タフタである。緞子は綸子の後練り織物といえる。絹にはセリシンが付いていて、この抜き具合で手触りやシボを変化させることができるので本練り、七分練り、五分練り、三分練りなどがある。化合成繊維では澱粉や合成糊のPVAやあるいはCMCを使って製織する。

　セリシンの抜き度合でも手触りやしぼが変化するので、本練、7分練、5分練、3分練などがあり、精練で調整される。

6-2　詳細

6-2-1　タフタ

　布面にやや横畝のある長繊維織物である。平織で経緯糸ともに練り絹緯太糸使いの高密度の練り織物である。婦人服、ドレス、ブラウス、イブニングドレス、裏地に使用される。

タフタ

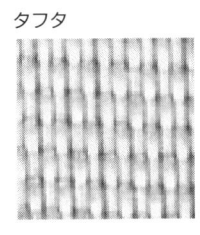

Taffeta
平織
絹：W/F:練絹使
細かい横畝が出る
レーヨン：人平
ポリエステル、ナイロン多い
婦人服地、イーブニングドレス、裏地

6-2-2 羽二重

肌触りが柔らかく、エレガントな光沢のある織物である。平織で経緯糸ともに無撚生糸使いの生（き）織物である。軽めのものはスカーフ、重めのものは、ドレス、ブラウス、着尺に使用される。

羽二重

Habutai
平織
2本／羽より
W／F:無撚生糸使
重目：着尺、ドレス
軽目：スカーフ

6-2-3 デシン

crepe de chine の略語。生地の表面全体に均一にできる細かい縮みじわをもつしぼ織物で、フラットクレープやパレスクレープよりやや目立つしぼをもつ。経糸に無撚糸、緯糸に左撚強撚糸2本と右撚強撚糸2本を交互に打ち込んで作る。ドレス、ブラウス、裏地、肌着に用いられる。

デシン

しぼ織物
W：無撚、F：強撚糸使いのしぼ織
平織
20-80/2
ss/zz
しぼの強さ
パレス＜フラット＜デシン

6-2-4 シャー

手触りが柔らかく地薄で、軽めで通気性の良いレーシーな透ける生地である。平織変化組織の斜子織で経緯密度を粗くして作られる。柔らかく通気性が良く、夏服地、子供服に使用される。

シャー

Sheer
シャークレープと同じ
地薄、軽目、粗、地透
W:強撚s/z、F:強撚s/s/z/z
夏婦人子供服地

6-2-5　ジョーゼット

　薄地生地の表面全体に均一にできる細かい縮みじわをもつしぼ織物で、光沢は艶消し（つやけし）である。平織で経緯糸ともに左撚強撚糸2本と右撚強撚糸2本を交互に打ち込む。イブニングドレス、ドレス、ブラウスに使用される。

ジョーゼット

Georgette Crepe
薄地　しぼ　経緯縮緬
平織（その他）
W/F共：強撚糸使
　　　　（2500-3000t/m）
s/s/z/z
夏ドレス、ブラウス生地

6-2-6　ファイユ

　細かい横畝のある柔軟な手触りの織物で、その畝はグログランより小さくタフタより大きい。経畝織で経糸を粗にして緯糸を2本以上打ち込んで作られる。ドレス、ブラウス、ストール、リボンに使用される。

ファイユ

平　　　経畝
　　　　（勾配：紅梅）
Faille
平織／経畝織
フィラメント織：絹、化合繊、交織
畝の大きさ
タフタ＜ファイユ＜グログラン＜オットマン

6-2-7　オーガンジー

　丈夫で硬く、地透きで軽めの光沢ある薄地生地で、本の装丁に使用される平織の織物から発展した生地である。光沢のある硬い手触りは、絹では未精練使いで、化繊では樹脂処理をする。ドレス、ブラウス、造花に使用される。

6-2-8　シャンタン

　柞蚕絹（さくさんきぬ）使いの風合いの生地である。柞蚕絹は玉糸と

いう節の多い糸で、これを緯糸にして平織で織った先練り織物で、カクテルドレス、ブラウス、コート生地に用いられる。

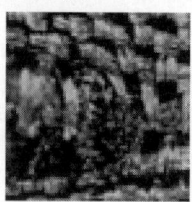
6-2-9　グログラン

横畝のある織物で、畝はポプリンやタッサーやファイユより大きく、オットマンや塩瀬よりも小さい。平織の変化組織である経畝織で織られる。婦人用コート、スーツ、ドレスに用いられる。日常的には帽子の内側、クラン部分の周りやワンピースドレスの内側ウエストベルトによく使われ、寸法安定性を良くする。

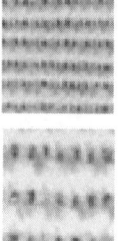
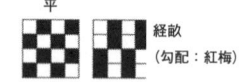
6-2-10　ベルベット

ビロードともいう。毛羽は短く、布面毛羽の織物である。プラッシュよりも毛羽は短く1mm以下の毛羽のある生地である。経パイル織で、地組織を作る経緯糸のほかにパイルを作る毛経糸を使用して作ることができる。パイル糸に絹を使用したのが本ビロードである。軽めで毛足が短い密で柔らかなシフォンベルベット、玉虫効果のネーカーベルベット、エンボスで毛羽を寝かせて模様を付けたエンボスベルベット、鏡のような艶をカレンダーで付けたパンベルベットなどがある。

6-2-11　ラメクロス

　緯糸にラメ糸を使った織物である。ラメ糸の名は、もとは金銀など金属箔（きんぞくはく）の意味であるが、切箔といわれる金属箔を和紙に張って分割して糸にしたものと、ポリエステルフィルムに金属蒸着させて分割して糸にしたものとがある。イブニングドレス、ブラウスなどに用いられる。華やかな生地である。

6-2-12　縮緬

縮緬

和装：縮緬、洋装：クレープ
しぼ織物の総称　Crape
W：無撚、F：強撚糸使いのしぼ織
平織
20-80/2
ss/zz フラット・クレープ（二越縮緬）
s/z：一越縮緬
ssss/zzzz：四越縮緬：うずら縮緬
ssssss/zzzzzz：鎖縮
sorz のみ：楊柳

しぼの強さ
バレス＜フラット＜デシ
W/F：強撚：ジョーゼット
W：強撚
F：無撚：オリエンタルクレープ

　生地の表面全体に均一にできる細かい縮みじわをもつしぼ織物のことで、総称して縮緬という。縮緬とクレープは同義語であるが、並列して用いられている。経糸に無撚糸を用い、緯糸のみ強撚糸を使ったものを一般に縮緬（クレープ）と呼び、経緯強撚糸使いのものを経緯縮緬（ジョーゼット）と呼んでいる。糸使いで多様な縮緬が表現できる。

6-2-13　シフォン

シフォン

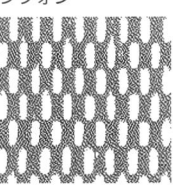

Chiffon
平織
W/F:片撚強撚使
軽目、地薄、地透
スカーフ、イーブニングドレス、ブラウス

　地薄で軽めで地の透いた美しいしぼ織物である。経緯片撚り強撚糸使いの平織で作る。未精練使いはシフォンと呼ぶが、精練するとニノンと呼ばれる。イブニングドレス、ブラウス、スカーフ、フリル、ベールに用いられる。

6-2-14　塩瀬

細い横畝のある絹畝織物である。120 デニールくらいの密な経糸に太い緯糸を用いた生織物で作られる。ワイシャツ、ロングパンツ、子供服、肌着に用いられる。

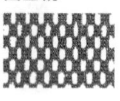

塩瀬

Shioze
平織
W:練絹、密　F:練絹、太使
横畝
ワイシャツ、婦人子供服地

6-2-15　富士絹

独特の絹色調と優れた風合いを持つ経緯絹紡糸使いの平織生地である。シャツ、ドレス、子供服に用いられる。

富士絹

Fuji Silk
平織
W/F:絹紡糸使
独特の色調と風合
ドレス、シャツ、子供服

6-2-16　ダマスク

地を経朱子、紋を緯朱子で表わした織物で、ジャカードで織る。綸子（りんず）は絹の生織物の後染めで、緞子（どんす）は先染めの織物である。ダマスクはダマス

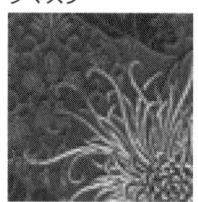

ダマスク

Damask
紋朱子
　経朱子（表組織）の他に
　緯朱子（裏組織）の柄
綸子：生織物、昼夜組織
緞子：練織物
繻珍：練織物

カスで織られた生地の意味で、西欧の紋織物の名前になった。金銀糸使いで花や動物模様の紋織物が多い。

6-2-17　銘仙

先練り経密平織物で光沢があり、張りのある絹織物である。

とくに、仮織りした経糸に型染めを施し、本織りをした秩父銘仙は伝統工芸品としても有名である。

6-2-18　お召

練り染め絹糸を用いた先練りの強燃平織物である。

6-2-19　紬

紬紡糸を使った生地で、特有な節や斑（むら）があり、素朴な風合いがある。

第6章　編　物

編物（ニットファブリック：knitted fabric）とは、ループを絡ませて作る生地である。手編み技術はアラビアから3世紀頃シリア、4世紀頃ビザンチン帝国に、7世紀にはスペインに入り11世紀以降ヨーロッパ各地に伝わったとされている。14世紀頃にはフィレンツェとパリがその中心地で、ギルド制の下に発展していったという。16世紀末以降、幾多の発明によってまず緯編が機械化され、その後経編が機械化された。日本にも15世紀末にポルトガル、スペインから手編み技術が伝わり、明治維新後機械化されていった。

　ニット生地は織物に比べて伸縮性や柔軟性に優れ、身体に良くフイットする。その特性を活かしてスポーツウエアやカジュアルウエアなどに多く使われている。アパレルニットメーカーのカット＆ソー商品は広く多くのアイテムに商品展開をしている。

　また、1995年に出現した「無縫製ニット」は現在も進化し続け、ニットの表現を拡大しつつある。無縫製ニットについての詳細は後述することにする。

　編物には、棒針を使用してループを横方向に連結して生地を作る緯（よこ）編物と、鈎針（かぎばり）を使用してところどころ隣同士絡ませた鎖状ループの生地を作る経（たて）編物とがある。

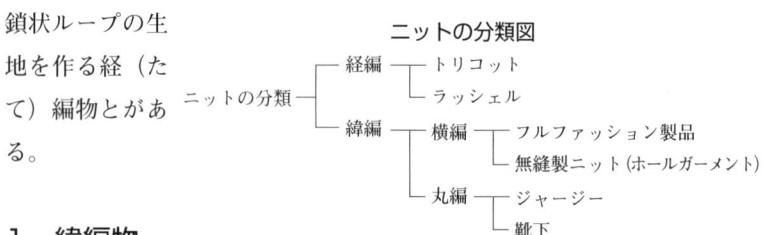

ニットの分類図

1　緯編物

　緯編は表目と裏目の二つの目の組み合わせで生地が作られる。目の横方向の組み合わせをコース、目の縦方向の組み合わせをウエールと呼ぶ。

この組み合わせから平編、ゴム編、パール編の三つの基本組織ができていて、さらに組み合わせによる変化組織が作られ、柄になっている。

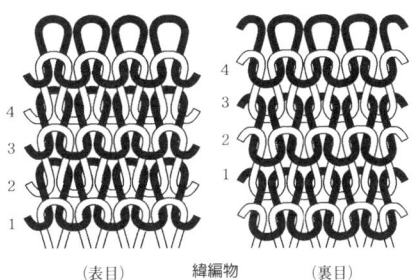

（表目）　　緯編物　　（裏目）

1-1　平編

　天竺編ともジャージ編とも呼ぶ。編み地の表面にはV字形をした表目のみが表れ、裏面には逆に横方向の畝をした裏目のみが表れる、シングルニットの

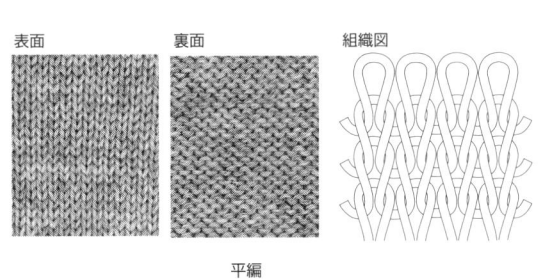

表面　　　　裏面　　　　組織図

平編

基本組織の生地である。生地は表目のほうにまくれやすく、編み始めからも編み終りからも解けるので、ループが切れると次々と解けていく、いわゆるラン（伝線）を起こす欠点がある。

1-2　ゴム編

　表目と裏目を交互に横方向に連結させた、表目のウエールと裏目のウ

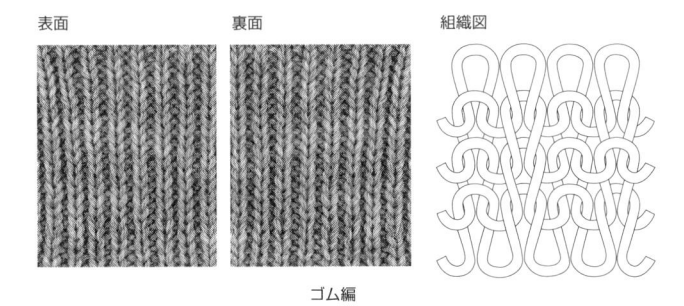

表面　　　　裏面　　　　組織図

ゴム編

エールの組み合わせ組織で、最も広く実用されるダブルニットの基本組織となっている。表裏の組み合わせでデザイン効果を表せる。この生地は表裏ともに平編の表面のように見え、横方向に大きな伸縮性をもつ。平編のような耳まくれはなく、裁断しやすく、編み終りからのみ解ける。ゴム編を2重にしたダブルニット（ダブルジャージ・両面編・インターロックともいう）は、ニット生地の主流になっている。

1-3　パール編

　手編みではガーター編と呼ばれる。表目と裏目を交互に縦方向に連結させた、表目のコースと裏目のコースの組み合わせ組織である。表裏ともに同じ外観で、裏目の横筋がついて見える。横方向よりも縦方向に伸びるので、子供服やセータに用いられる。

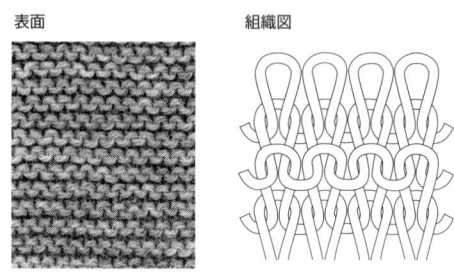

表面　　　　　　組織図

パール編

1-4 緯編物マップ

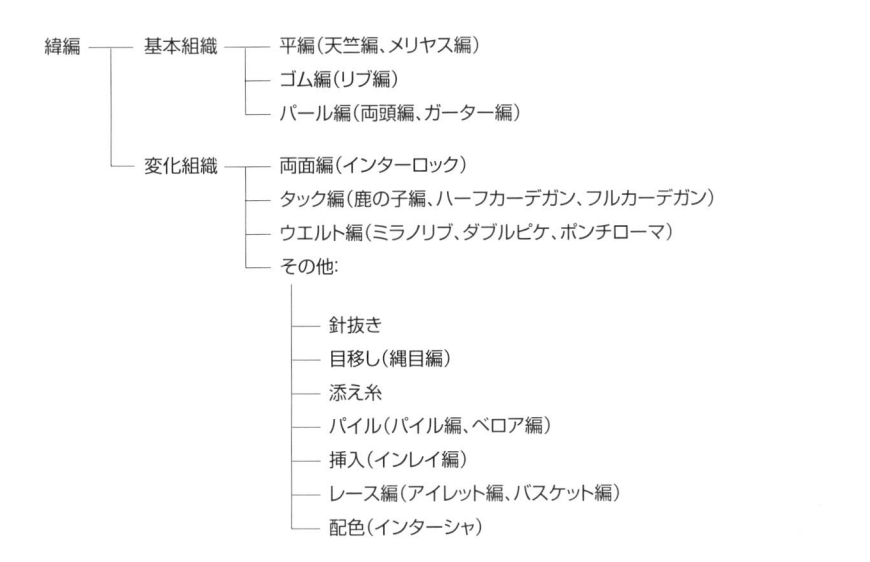

緯編 ─── 基本組織 ─── 平編(天竺編、メリヤス編)
　　　　　　　　　　─── ゴム編(リブ編)
　　　　　　　　　　─── パール編(両頭編、ガーター編)

　　　　　変化組織 ─── 両面編(インターロック)
　　　　　　　　　　─── タック編(鹿の子編、ハーフカーデガン、フルカーデガン)
　　　　　　　　　　─── ウエルト編(ミラノリブ、ダブルピケ、ポンチローマ)
　　　　　　　　　　─── その他:

　　　　　　　　　　　　　　─── 針抜き
　　　　　　　　　　　　　　─── 目移し(縄目編)
　　　　　　　　　　　　　　─── 添え糸
　　　　　　　　　　　　　　─── パイル(パイル編、ベロア編)
　　　　　　　　　　　　　　─── 挿入(インレイ編)
　　　　　　　　　　　　　　─── レース編(アイレット編、バスケット編)
　　　　　　　　　　　　　　─── 配色(インターシャ)

1-5 詳細

1-5-1 鹿の子編

　鹿の子絞りに似た外観の編物で、平編にタック編を加えた組織で作ることができる。組み合わせで表鹿の子編、総鹿の子編、並み鹿の子編、浮き鹿の子編などの変化が作られる。

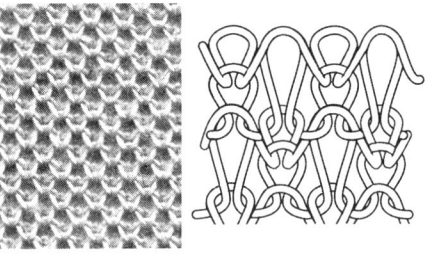

鹿の子編

1-5-2　ハーフカーデガン

　ゴム編にタック編を加えた組織で、片畦（かたあぜ）編ともいう。

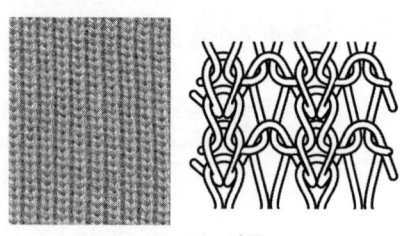

ハーフカーデガン

1-5-3　フルカーデガン

　ゴム編にタック編を加えた組織で、両畦編ともいう。

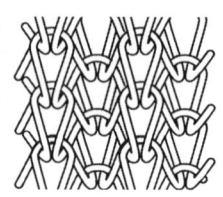

フルカーデガン

1-5-4　ミラノリブ

　ゴム編にウエルト編（浮き編）を加えた組織で作られる。

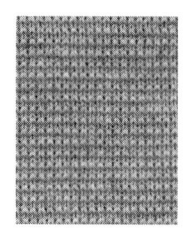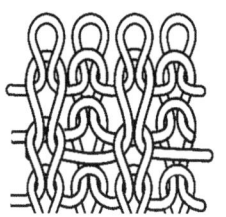

ミラノリブ

1-5-5　ダブルピケ

　ゴム編にウエルト編を加えた組織で、ダブルジャージの代表的生地である。

ダブルピケ

1-5-6　ポンチローマ

両面編にウエルト編とタック編を加えた組織の生地である。

1-5-7　縄目編

ケーブル編ともいわれる。平編やゴム編に目移し針を使ってループを移すことによって縄目状のたて柄ができる生地である。

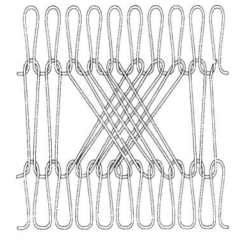

縄目編

2　経編物

経編物は、経糸をループ状に絡ませた目を組み合わせた生地である。目には閉じ目と開き目とがある。自分の糸で絡んで作る目を閉じ目と呼び、

閉じ目(左)と開き目(右)

自分の糸と絡まないで作る目を開き目と呼ぶ。生地はこの目の組み合わせからできている。

経編物には、隣針同士で糸を絡ませてループを作らせて編むトリコット編と、数本の針の間で順次糸を絡ませて編み上げるアトラス編、何本か糸を越えてから絡ませて編み上げるコード編の一枚筬による三つの基本組織があり、この三基本組織の組み合わせと筬枚数で生地が作られている。実用の生地は、一般には基本組織単独（シングル）では用いられず、基本組織を表地と裏地に組み合わせて、表の組織と裏の組織が絡んだ二

重組織になって作られている。

2-1 シングルトリコット編
（シングルデンビー編）
　1列の経糸を隣接する針の上に交互にかけ、一般には閉じ目のループを作って編み上げる組織である。薄い編み地で伸縮性が大きく解けやすいので、地組織に利用される。

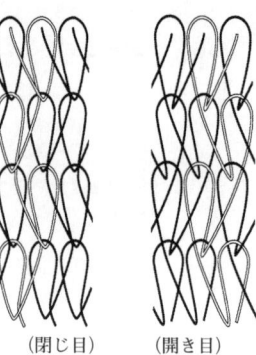

（閉じ目）　　（開き目）
シングルトリコット編

2-2 シングルアトラス編
（シングルバンダイク編）
　1列の経糸を隣接する針の上に順次に開き目でかけて閉じ目とし、同じ回数逆行して閉じ目とすることを繰り返す編み方である。したがって、糸は千鳥状に動くことになる。

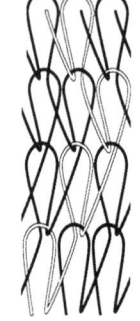

シングルアトラス編

2-3 シングルコード編
　1列の経糸を2本以上の編み針を越えて浮き糸を作り、最後に閉じ目を作って編み上げる編み方である。

シングルコード編

2-4　経編物マップ

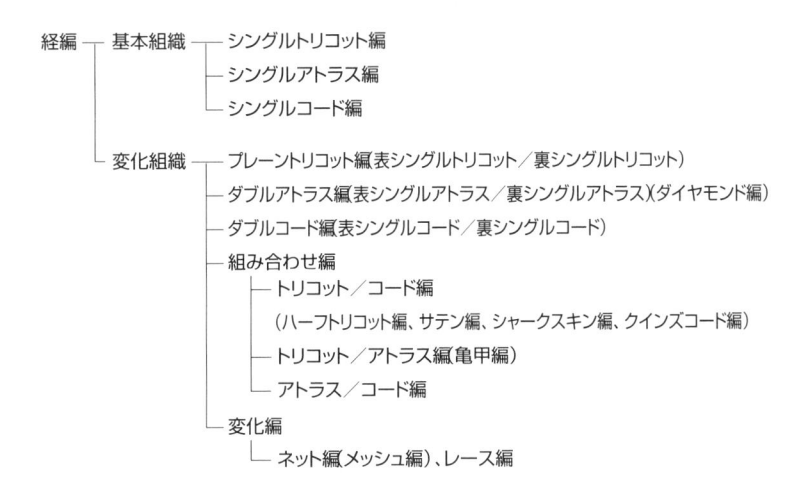

経編 ┬ 基本組織 ┬ シングルトリコット編
　　　│　　　　　├ シングルアトラス編
　　　│　　　　　└ シングルコード編
　　　│
　　　└ 変化組織 ┬ プレーントリコット編(表シングルトリコット／裏シングルトリコット)
　　　　　　　　　├ ダブルアトラス編(表シングルアトラス／裏シングルアトラス)(ダイヤモンド編)
　　　　　　　　　├ ダブルコード編(表シングルコード／裏シングルコード)
　　　　　　　　　├ 組み合わせ編
　　　　　　　　　│　├ トリコット／コード編
　　　　　　　　　│　│　(ハーフトリコット編、サテン編、シャークスキン編、クインズコード編)
　　　　　　　　　│　├ トリコット／アトラス編(亀甲編)
　　　　　　　　　│　└ アトラス／コード編
　　　　　　　　　└ 変化編
　　　　　　　　　　　└ ネット編(メッシュ編)、レース編

2-5　詳細

2-5-1　プレーントリコット編

　表シングルトリコット編、裏シングルトリコット編の二重編み生地である。生地は編み目が安定していてはっきりした表縦縞、裏横縞になる。布団カバーなどに用いられる。ダブルデンビー編ともいわれる。

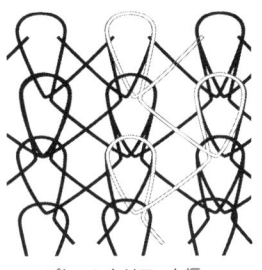

プレーントリコット編

2-5-2　ダイヤモンド編

　表シングルアトラス編、裏シングルアトラス編の二重編み生地である。生地は密で丈夫な縞地で、色糸使いでダイヤモンド柄ができる。ダブルバンダイク編、ダブルアトラス編ともいわれる。

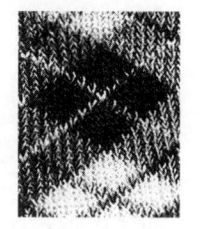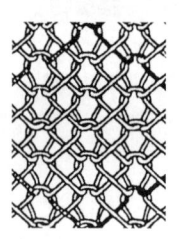

ダイヤモンド編

2-5-3　ハーフトリコット編

　表シングルコード編、裏シングルトリコット編の二重編み生地である。この変化組織にサテン編、シャークスキン編、クインズコード編などがある。表面が縦筋、裏面が浮き糸になっていて、スムースで肌触りが良い。プリント加工、プリーツ加工、裁断縫製に適し、ワイシャツ、ランジェリーに用いられる。

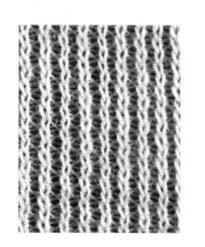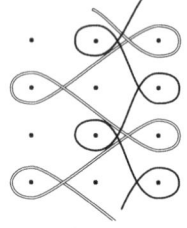

ハーフトリコット編

2-5-4　亀甲編

　表シングルトリコット編、裏シングルアトラス編の二重編み生地である。生地は六角の亀甲目のレース模様になる。

Black Full　　　　　Front Full

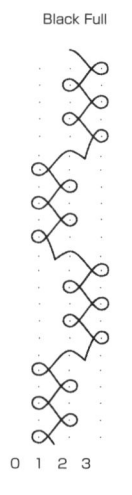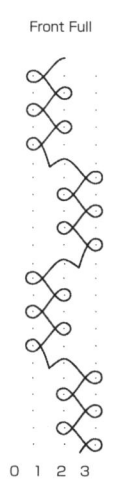

0 1 2 3　　　　0 1 2 3

亀甲編

2-5-5 チュール編

　亀甲目をした編み地レースである。2本使いで1本を鎖状の柱に編み、一定数編むと隣のコースに移して蜂の巣状の亀甲目に編み上げる。柄と組み合わせた生地も多い。

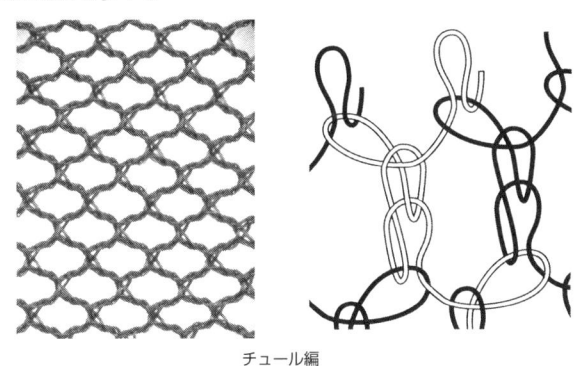

チュール編

3　無縫製ニット

　無縫製ニットは、1995年、ニット機メーカである(株)島精機製作所がニットCADシステムを搭載したニット機として完成、発表した。このシステムでは「一着丸ごと（ホールガーメント®）機械上で立体的に編むことができる（次頁・写真参照)」革新的なものである。

　従来の編成方法によるニット製品と比して、つなぎ目がないシルエットの美しさ、肌触りの良さなどの着装感、製造工程における裁断ロスや無縫製による時間短縮、顧客のニーズに合ったオンデマンド方式による商品開発を可能にした利点づくめのニット機である。これからも無縫製ニットに適したシステムの開発やデザイン、パターン、接合、仕上げなどの研究開発によって、多くの可能性を秘めたニット分野である。

無縫製ニット

作例 1

正　面　　　　　　　　　　　　　　側　面

拡大

作例 2

第7章　その他の生地

1 レース

レースは糸を織ったり、撚り合わせたり、組み合わせたり、編み合わせたり、布に穴をあけ刺繍したりなどして作られる、透いた目のある生地の総称である。したがって織物、編物、組物や網物の範疇（はんちゅう）を超えて、糸使いでできる透かし目を持った生地のこと。織物、編物、組物や網物その他の生地と完全に重複している。しかしレースという概念は古くから用いられてきている。

レースの歴史は古く、紀元前 2000 年頃のエジプトに存在していたといわれ、麻布や糸ネットを加工したカットワークとドロンワークを生み、さらにギリシャ、ベネチアに入ってレティセラレースを生み、ニードルポイントレース、ボビンレース（ピローレース）を生んだ。

1-1 レースマップ（次頁）

1-2 詳細
1-2-1 オープンワーク：織りレース

古代のペルーで広く用いられた技法の一つである。平織を基本として経糸、緯糸を省略して抜き羽にし、その空間が安定するように平織やつづれ織や絡ませたり結んだり組んだりして、さまざまな形の空間をもった織物を作ることができる。織物でつくるエンブロイダリー（刺繍）とも見ることができる。

1-2-2 ブロッケード：織りレース

ブロッケードは地組織に別糸でパターンを織り出すものである。平織を地組織とし別糸を往復させてパ

ブライトン蜂巣織

レースマップ

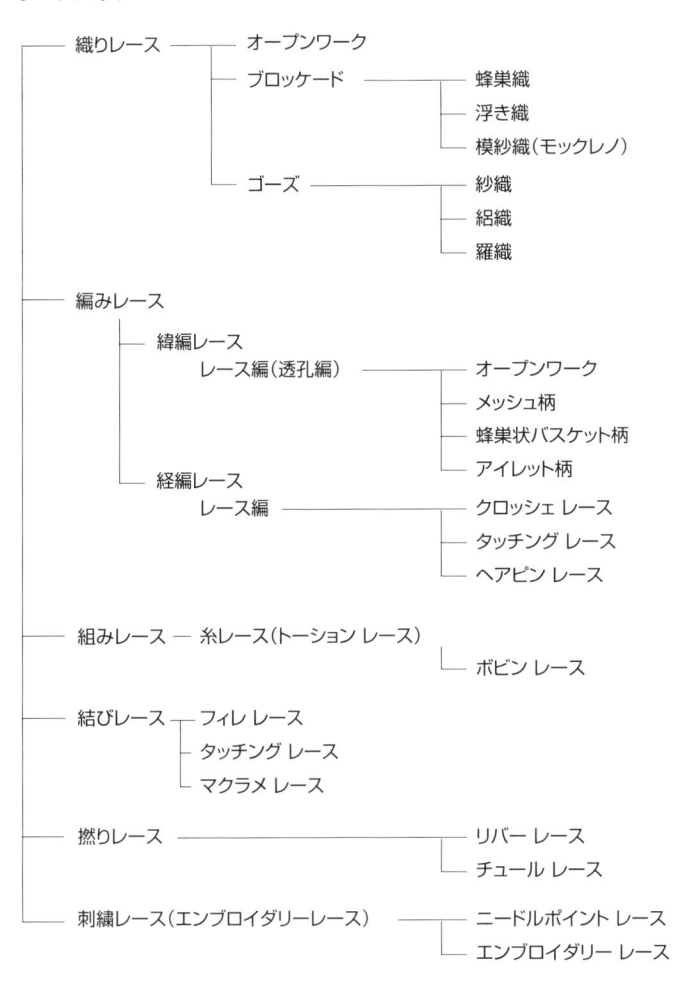

ターンを織り出す技法で、織物では特殊組織とされる蜂巣織や浮き織や模紗織（モックレノ）によって作ることができる。

1-2-3　ゴーズ：織りレース

　ゴーズは普通、平行な経糸が絡み合った状態で緯糸を入れて作る、もじりとか搦みと呼ばれる技法を用いる織物で、紗織（gouze）、絽織(leno)、羅織がある。

　紗織は2本の経糸を1組とし、半綜絖を用いて互いに絡ませ緯糸を入れる。これを繰り返した織物である。

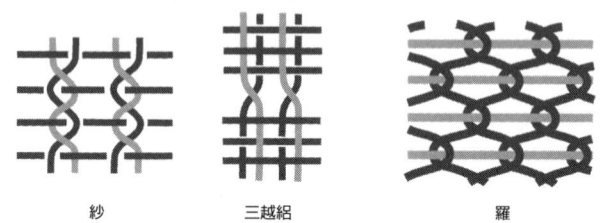

紗　　　　　　三越絽　　　　　　羅

　絽織は紗織と同じように経糸を絡ませるが、緯糸を奇数段だけ平織または綾織を入れて作る織物である。したがって奇数段ごとに平または綾織組織が入った織物といえる。三越絽（みこしろ）は3本平織が入って搦（から）みが1本入る。組織と搦みの組み合わせによる変化組織は多い。

　羅織は、古くから用いられていた最も貴重な織物とされ、正倉院の御物にも見られる技法である。搦ませる経糸の数が紗、絽の2本に対し3本以上である。3本1組の羅を3本羅、5本1組の羅を5本羅とか籠縹（ろうれい）と呼ぶ。羅も平織と組み合わせされる。

1-2-4　レース編（透孔編）：編みレース

　目移し技法を使って透き間を作る緯編生地で、平編に目移しを加えた

メッシュ柄、蜂巣状バスケット柄、アイレット柄などがある。ゴム編に目移しを加えたリブアイレットなどもある。

1-2-5　クロッシェレース：編みレース

エジプトのコプト人によって作られたという。19世紀にはアイルランドレースやウィーンレースが作られた。糸と鉤針でできるレース編で、鎖編、縞編、長編の技法を使っている。

1-2-6　トーションレース：組みレース

トーションレースはイタリアのトーション地方で作られたジャカード付きトーションレース機によるレースである。

1-2-7　ボビンレース：組みレース

ボビンレースはピローレースとも呼ばれる。多くの糸を巻いたボビンを使って、ピロー台の上で模様にしたがって組んでいくレースである。アラビアのマクラメレースがベネチアへ伝わってボビンレースを生み、16世紀にベルギーに伝わって大発展した技法である。

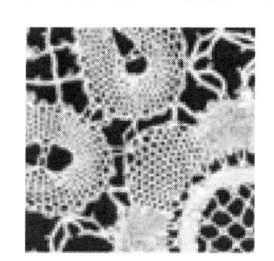

1-2-8　フィレレース：結びレース

フィレレースは、魚網用結び目を使って網を作った生地である。結び

目は一つひとつで完結するので、安定した平面が作れる。フィレ針と目板を使って、スクエアノット（真結び）やフィッシュネットノット（魚網結び）で作る。

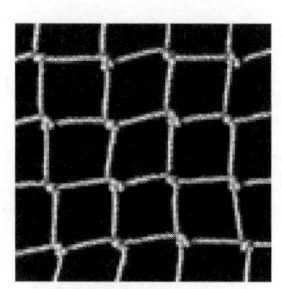

1-2-9 タッチングレース：結びレース

シャトルレースとも呼ばれ、シャトルを使い、結び目を作って糸と生地を結び付ける技法で、18世紀イギリスで盛んになった。2工程の糸を絡ませて結ぶレースである。

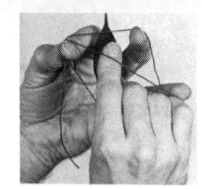

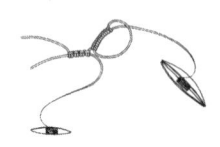

1-2-10 マクラメレース：結びレース

房結びを使ってネットワークされた生地である。房結びには巻き結びと2重平結びといえる七宝結びなどが用いられる。

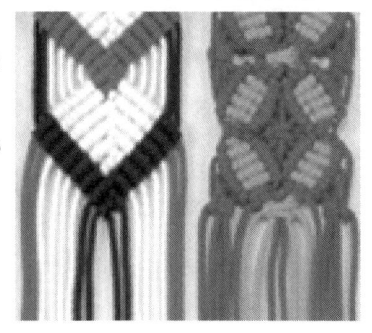

1-2-11　リバーレース：経編撚りレース

　精密優雅な柄が得られる最高級品である。英国リーバレース機で作られる。手工レース並みの美術性高いレースができる。たくさんのボビン糸と2種類のビーム糸で編まれる。

1-2-12　チュールレース：経編撚りレース

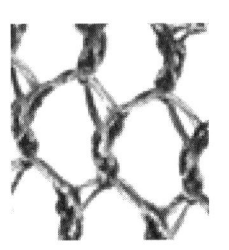

　細かい亀甲目六角形の網目をした撚りレースで、ボビネット機すなわちボビンを使って手編みネットを機械化したものである。これに太い柄糸を編み込んで模様を付けたレースを紗状レースと呼ぶ。

1-2-13　ニードルポイントレース：刺繍レース（エンブロイダリーレース）

　生地は、織る、編む、組む、結ぶ、繍う（ぬう）という五大基本的技法で作られる。刺繍は文字通り、布に針で刺して繍うことで文様を表現する基本技法である。

　織物やネットを基布にして模様にしたがって穴を開け、その周囲を刺繍した生地である。

　ベネチアで生まれた技法で、粗めの麻布にボタンホールステッチで作るニードルポイントレース、プントインアリアが16世紀初頭に生まれた。この技法のレースは17世紀頃全盛を極め、アランソンレースはその最高傑作とされている。

1-2-14 エンブロイダリーレース：刺繍レース（エンブロイダリーレース）

薄地織物やチュールレースの生地に、刺繍糸で刺繍して模様を作った生地である。総柄のオールオーバーレース、基布に水溶性ビニロン織物を用いて刺繍後に溶かし、刺繍糸だけを生地にしたケミカルレースなどがある。

2　不織布（ノンウーブンファブリック）

不織布は生地を織らないで作った布の総称である。作り方は種々ある。繊維同士を繊維の特性を利用して絡ませたり、繊維同士を絡ませるために接着させたり、立体的に機械的に絡ませる方法がある。この観点からすれば、太古からある紙やフェルトも、当然この分類に入れるのが妥当と考えられる。

2-1　フェルト

フェルトは、古くから羊毛その他の獣毛繊維の持つ縮充性を利用して作られたものである。羊毛繊維のもっている縮充性は、スケールによって引き起こされ、アルカリ性の水分と熱を与えて機械的な外力を繰り返し加えることで、繊維同士が絡まり合い、密度を増し容積を減少して密なフェルト組織になる。繊維の重ね合わせから作ったフェルトを圧縮フェルトと呼び、紡毛織物から作ったフェルトを織りフェルトと呼ぶ。圧縮フェルトは引っ張り強力が弱く、帽子やアプリケに用いられる。引っ

張りや摩擦に弱く伸縮性もなく、体にフィットしにくいので、衣服としては目の粗い補強布やスクリム入りフェルトが実用に向いている。

2-2　不織布

　繊維をシート状に広げてウェブを作り、これを立体的に接着させて作る。接着の方法は、接着剤散布法、接着樹脂や接着繊維を用いる方法、紡糸するときに直接温度で接着させてしまう方法、たくさんの鉤針を上下させるニードルパンチや織編組織やエアジェットやウオータージェットによって絡ませる方法などがある。これらを組み合わせた方法も出てきている。不織布は寸法安定性が良く、方向性が少なくほつれにくいので、芯地や使い捨て衣服素材として広く用いられている。基本的には、次の方法やこれらを組み合わせた方法で作られている。

2-2-1　接着剤散布法

　ウェブに接着剤を散布し、熱で乾燥させて繊維同士を接着させる方法で、最も一般的な方法である。

2-2-2　接着樹脂や接着繊維を用いる方法

　ウェブ中にあらかじめ熱接着樹脂や熱接着繊維を混入し、熱を加えて繊維同士を接着させる方法である。

2-2-3　紡糸するときに温度で直接接着させてしまう方法

　紡糸するときに完全冷却前にウェブを作り、繊維の温度で直接接着させてしまう方法である。合成繊維によるスパンボンドはこの方法で作られる。

2-2-4 ニードルパンチや織編組織やウオータージェットによって絡ませる方法

ウェブは上下層の絡み合いに欠けるので、この絡み合いを上下する鉤針によって機械的に行う方法である。

3 複合布（コンビネーションファブリック）

3-1 接着布（ボンデッドファブリック）

接着布は、接着剤などを用いて表布と裏布を張り合わせた生地である。張り合わせることによって特性を向上させている。

フォームラミネート布はウレタンフォームを表布として利用し、軽くかさ高で保温性に優れた外衣用の生地となっている。

ボンデッドファブリックは布と布を複合させた生地で、主として足りない性質を改善するために行われる。

3-2 キルティングファブリック

布と布の間に中入れわたを挟み、キルティング機を使って一体化させた生地である。防寒用の生地として用いられる。

3-3 タフティングファブリック

生地にミシンの上糸だけを縫い込んで作ったような生地である。糸が抜けないように樹脂をコートしたり起毛したりする。

3-4 ラミネートファブリック

フィルムや糸を樹脂同士で接着させて布にするものである。フィルムにスリットを入れ拡幅してすだれ状にし、これを経緯に糊でラミネートさせるスクリム割布などがある。

4 皮革

皮（Skin）は皮革（レザー）と毛皮（ファー）に分類される。

4-1 天然皮革

動物の皮の毛を除いてなめし処理を行い、使用に耐えるようにしたものを皮と区別して皮革と呼んでいる。なめしはクロム、タンニンや油などで処理して、動物のたんぱく質を変性させる技法である。これらの処理は、色や性質に次のような特徴がある。

クロム：緑青色………薄物で柔らかく伸び、耐熱性がある。

タンニン：茶褐色……厚物で硬く強く、耐水性がある。

油：セーム革…………柔らかく強く、洗濯できる。

皮革はたんぱく質のコラーゲン繊維の集合体でできていて、数 μm（ミクロン）から数十 μm の太さの繊維が、厚さ方向に連続的に絡み合ってできている。コラーゲンとはグリシン、アラニン、グルタミン酸など約20種類のアミノ酸から構成されるたんぱく質ポリペプチドである。表面の銀面層と内側の網状層とは異なった性質を持っている。表面層は光沢があって柔軟で、繊維は細く弱く、内面層は網状で繊維は太く硬く立毛があり、バックスキンと呼ばれる。

皮革は動物の種類によって別名で呼ばれ、次のような特徴がある。

カーフ（牛）：毛穴が小さくきめ細かい

ピッグ（豚）：毛穴が大きい

ヤンピ（羊）：きめ粗く弱い

セーム（鹿）：柔らかく水洗い可能

ゴート（やぎ）：軽く薄い

アンティロープ（カモシカ）：柔らかい

また目付によっても次のように分類されている。

　ハイド：重目

　キップ：中目

　スキン：軽目

さらに仕上げによって次のように分類されている。

　スムース：そのまま

　ヌバック：表面を毛羽立てる

　スエード：裏面を毛羽立てる

　ベロア：裏面を起毛し、スエードよりも毛足が長く柔らかい

　エンボス：型押しする

　エナメル：エナメル処理し、光沢を出す

　グレージング：光沢を出した銀面となる

　アニリン：アニリン染料仕上げで、高級感ある光沢になる

　アパレル素材としては、コート、ジャケット、スカート、パンツなど
に使用される。動物愛護の観点や独特のにおい、品質の不均一さ、形態
の不安定さ、寸法の不均一さ、重さ、色落ち、取り扱いの不便さなどの
欠点がある。

4-2　人工皮革

　人工皮革は、天然皮革に対応して作り出された用語である。

　合成皮革という用語が皮革に似せたものというイメージで定着してい
る現在、より皮革らしく、さらに皮革を超えたものへの期待と自信を表
わす用語として人工皮革が用いられたのである。

　人工皮革は、当初東レの「エクセーヌ」、クラレの「クラリーノ」、カ
ネボウの「ベルセイム」によって誕生した。新しいこの素材生地を、従
来からの合成皮革とイメージチェンジするために、まず西欧で人工皮革

の名で定着させてから日本に持ち込むという努力をし、国内に人工皮革という用語を定着させたのである。

　各社の人工皮革は、原理的には同じ考え方で作られている。超極細繊維と呼ばれるコラーゲン繊維級の繊維で生地を作り、これを起毛や剪毛してウレタン樹脂などで加工したものである。その製法は加工法も含めて細かく特許によって保護されている。超極細繊維の主な製法には以下のものがある。

1. 海島法：東レ特許
2. 島海法：クラレ特許
3. 分割法：カネボウ特許
4. 直紡法：旭化成せんいほか

　各社の主力商品の製法は次の通りと推定される。

メーカー	東レ	カネボウ	旭化成せんい
商　品　名	エクセーヌ	ベルセイム	ラムース
繊維製法	海島法	分割法	直紡法
素　　　材	ナイロン	エステル＋ナイロン	エステル
布　種　類	織　物	編　物	不織布
起毛種類	微　小	微　小	微　小
加　工　剤	ウレタン	ウレタン	ウレタン
皮革タイプ	スエード・カーフ	スエード・セーム	スエード・アンティロープ

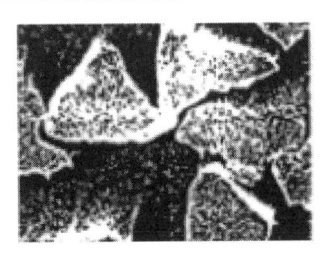

アパレル素材として従来の生地の技術で取り扱える点から、高級素材として広く使用されている。

5　毛皮（ファー）

5-1　天然毛皮
　毛皮（ファー）とは、動物の皮を毛が付いたままで、なめした皮のことである。動物の毛は、ヘア（刺し毛）とウール（わた毛）からなっていて、これによって厚い空気層を体表面に作るので防寒素材とされる。ウール（わた毛）が密で長いものは高級とされる。

　ヘアとウールはそれぞれ次の特徴をもっている。

　　　　ヘア ………………… 長毛・剛い・光沢・色彩
　　　　ウール ……………… 短毛・柔らか・密生・保温

動物の種類によって次のような特徴がある。

　　　長毛：ミンク ………………………… 光沢・ブルー・茶
　　　　　　フォックス（キツネ）……… 白、淡黄色
　　　　　　ゴート（ヤギ）……………… 白、淡黄色
　　　中毛：セーブル（テン）…………… しなやか
　　　短毛：アストラカン ………………… 巻き毛・黒・茶・グレー
　　　　　　チンチラ …………………… 光沢・ブルー・グレー
　　　　　　レオパード（ヒョウ）……… 絹光沢
　　　　　　ビーバー …………………… 光沢ある刺し毛・柔らかいわた毛
　　　　　　ファーシル（オットセイ）… 銀・ネズミ色

　コート、ケープ、帽子、和洋ショールなどに使用される。野生動物保護（'73 ワシントン条約）の規制がある。

5-2 人工毛皮（フェークファー）

　パイル織やパイル編で作られる。パイル糸には発色と加工性からアクリル糸が用いられる。

　アパレル素材としては、コートやショールなどの防寒商品や寝装品では毛布、ボアシーツなどに用いられる。最近ではエコファーと呼ばれるようになりファッション性のあるコート、ジャケットに多く用いられている。

5-3 羽毛（うもう）

　羽毛（うもう）はダウン（わた毛）とフェザー（羽根毛）とに分類される。ダウンは水鳥の密生した羽毛で、中心核から放射線状に小さな羽根毛が伸びている。フェザーは水鳥の表面の羽毛のうち小さいもので、軽くて弾力性のあるバルキー（かさだか）な羽毛である。ともに最高級充填材（じゅうてんざい）として用いられる。

新版
アパレル素材の基本

第8章　染色・仕上げ加工

繊維製品の多くは通常、着色の目的で染色され、さらに美しさ、快適性、耐久性、取り扱い易さなどの付加価値を高めるために様々な加工が施される。この加工を仕上げ加工、染色と合わせて染色仕上げ加工という。

1　着色材料

　繊維製品を着色する材料には染料と顔料がある。染料は繊維に対する親和性があり、水や溶剤に溶けて繊維内部に吸収され染着する。一方、顔料は繊維に対する親和性を持たず、水や溶剤に溶けにくいので繊維内部に吸収されることはない。繊維表面に付着するだけで、顔料単独で染着することはなく、バインダーとともに用いられる。繊維製品の着色には多くの場合染料が使われる。

　染料には植物や昆虫、貝など自然の中にあるものから得られる天然染料と、石油などを原料として化学合成によって得られる合成染料とがあるが、現在繊維製品に工業的に使われているのはほとんど合成染料である。合成染料は、化学構造上の特徴または染色性の特徴によって分類される。

2　染料が繊維に染まるしくみ

　染料、水、助剤を含む染浴に繊維を浸漬すると、染料が繊維表面に向かって拡散し、繊維表面に吸着する。吸着された染料は繊維内部に向かって拡散して結合する。「染まる」とは、染浴中で水に溶けていた染料が繊維と結合して水に溶けなくなることである。この時、繊維は着色する。従って染色された繊維は、水で洗っても染料が簡単に溶け出して色落ち

することはない。溶け出すのは染まっていない染料であるから、丈夫な染色物を得るためにはこの未染着染料をソーピングなどによって取り除く必要がある。

ところで、繊維には密度の異なる二つの領域がある。繊維分子が配列良く密に並ぶ結晶領域と、配列が乱れて粗い非結晶領域である。染料は繊維に比べれば低分子だがある程度の大きさを持っているので、結晶領域に入り込むことはできない。非結晶領域に入り、その中の官能基と呼ばれる部分に結合する。ただし、染料は全ての繊維と同じように結合するわけではない。染料と繊維が結合するためには、それぞれの官能基の間に結合する力（親和力）が必要である。すなわち染料には適した繊維があり、染料と繊維には染まる組み合わせがある。この組み合わせ、結合様式を、「1. 着色材料」で述べた「染色性の特徴」による分類と合わせて表に示す。

染料の分類

染　料	特　徴	主な適応繊維	主な結合様式
直接染料	水溶性アニオン染料　中性塩を含む染浴から繊維に直接染色する。色相は不鮮明なものが多い。耐光、堅牢度が低い。	綿・麻・レーヨン	水素結合
建染(バット)染料	アルカリと還元剤により還元、可溶化し、染着後に酸化して不溶化する。色相が鮮明で堅牢度が高い。		水素結合
硫化染料	硫化ナトリウムで還元、可溶化し、染着後に酸化し不溶化する。色数が少なく色相は不鮮明。耐洗濯性が大きい。		水素結合
反応染料	水溶性アニオン染料　塩類を含む染浴から繊維に吸収させた後、アルカリの添加により繊維との間に共有結合を生じる。色相は鮮明。湿潤堅牢度が高い。		共有結合
酸性染料	水溶性アニオン染料　酸性染浴から繊維に染着する。色相は豊富で鮮明なものが多い。堅牢度は低いものから高いものまで広範囲。	羊毛・絹・ナイロン	イオン結合
酸性媒染染料	媒染剤（金属イオン）との配位結合により金属錯塩を作ることで発色する酸性染料。色相は深みのある青〜黒色が多い。堅牢性が高い。		イオン結合
金属錯塩酸性染料	分子内に金属錯塩を持つ酸性染料。色相はやや不鮮明。堅牢度が高い。		イオン結合
分散染料	分散剤で分散させた状態でキャリア（助剤）により繊維内に拡散染着させる。色相は鮮明で均染性が良い。堅牢度はあまり高くない。	ポリエステル	ファンデルワールス結合
塩基性染料	水溶性カチオン染料　アルカリ繊維には優れた堅牢性を示すので、これを特にカチオン染料と呼ぶ。色相は鮮明。	アクリル	イオン結合

3 染色準備工程

　染色に先立ち、染色をスムーズに行いより美しく均一に染めるために、繊維中の不純物や二次的な付着物を取り除く。

3-1　毛焼き

　糸や布の表面の毛羽をガスバーナーや電熱器などで焼いて取り除く。表面が平滑になることで、風合いや光沢が良くなり、その後の工程での染料や薬品、仕上げ加工剤の浸透性も良くなる。またピリング防止にもなる。

3-2　糊抜き・精練

　布を織る工程で用いた糊剤、繊維に元々含まれる不純物、紡糸・紡績・編織工程で付着した油や汚れを、水または温水、界面活性剤、酵素、酸化剤、アルカリ剤などで取り除く。染料や薬品の浸透性が良くなる。

3-3　漂白

　繊維の色素を漂白剤で化学的に分解して除去する。染料が持つ本来の色を発色させることができる。

3-4　繊維別加工工程

3-4-1　セルロース系繊維

　綿、レーヨンなどのセルロース系繊維では、必要な場合にはシルケット加工（マーセル加工）が行われる。糸または布を引っ張った状態で、高濃度の水酸化ナトリウム水溶液に浸漬する方法である。こうすることで繊維断面が丸くなり、シルクのような光沢が出る。シルケット加工と

呼ばれる理由である。また繊維が膨潤するので、吸水性が増し染色性も良くなる。強度や形態安定性も向上する。

3-4-2　羊毛繊維

　羊毛繊維には布に熱・圧力・蒸気を加えて羊毛独特の風合いを出す処理を行う。①洗剤で洗う洗絨、②ローラーに巻きつけて熱水処理する煮絨、③水分を加えた状態で揉んでフェルト化する縮絨、④多孔性シリンダーに巻きつけて蒸気噴射後急冷する蒸絨、⑤圧力を加える圧絨がある。これらの処理後、羊毛繊維は２つのタイプに仕上げられる。表面の毛羽を焼くか剪毛して組織や柄をはっきり出すクリアカット仕上げと、毛羽を残して表面をふっくらと柔らかい温かみのある風合いにするミルド仕上げである。

3-4-3　合成繊維

　合成繊維には、①熱水中に繊維を浸漬した状態で振動を与え、繊維の緊張を緩和させてふくらみを持たせる「リラックス処理」、②ポリエステル織物を高濃度の水酸化ナトリウム水溶液中に浸漬して、加水分解により繊維表面を溶解させ、シルクのような風合いにする「アルカリ減量加工」、③織物を引っ張った状態で $160 \sim 200℃$ の高温中を通して織物の均一性を増加させる「ヒートセット処理」などが行われる。

4　染色工程

　繊維を紡績して糸に、糸を編織して布に、布を縫製してアパレル製品が完成する。染色はこの製造工程の各段階で行われる。繊維の状態で染めることを「ばら毛染め」、糸の状態で染めることを「糸染め」、これら２つをまとめて先染めという。そして、布の状態で染めることを布染め、縫製品の状態で染めることを「製品染め」といい、これら２つをまとめ

て「後染め」という。

　どの工程で染色するかによって様々な柄を作り出すことができる。繊維の状態で染めた異色の繊維を紡績すると多色の糸になる。白ともう1色の2色の繊維を紡績すれば霜降り、数色の繊維を紡績すればミックス調の糸となる。糸の状態で染色すると単色の糸となる。この単色糸1種を編織すると無地の布になり、複数を編織するとストライプやチェックなどの柄になる。さらに多くの色の糸を組み合わせることで、複雑な柄を作り出すことができる。日本の伝統工芸「西陣織」はその代表的な織物である。

　染色工程は染色方法によって浸染と捺染に大別できる。

アパレル製品製作工程

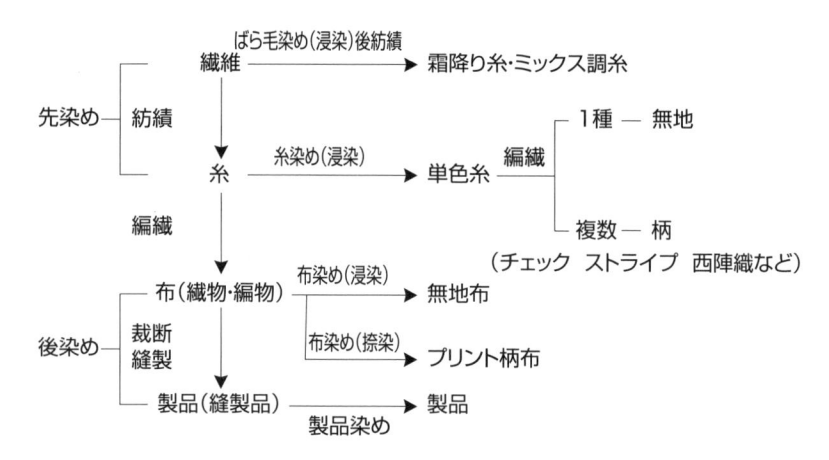

4-1 浸染

染料と場合によっては助剤（染色を助けるための薬剤）を溶かした溶液（染浴）に被染物を浸漬し、撹拌して染色する方法が「浸染」である。基本的には無地染めであるが、糸や糊などで防染して浸染することで模様を作ることもできる。絞り染めは糸で、ろうけつ染はろうで防染する方法である。浸染には染色、乾燥、加熱による染料固着の全工程を連続して行うパッド式（連続式）と染色のみを行うバッチ式（非連続式）があるが、ここでは詳細はバッチ式についてのみ記述する。染色には染色機が用いられ、染浴の入った染浴槽に被染物を入れて撹拌して染色される。その方法には①被染物を固定して染浴のみ循環する方法、②染浴を固定して被染物のみを動かす方法、③被染物と染浴両方を循環する方法があり、繊維、糸、布それぞれを染める染色機がある。

4-1-1 バラ毛染め・糸染め

①繊維を染色タンク内のかご（キャリア）に隙間なく詰め込み染浴を循環して染色する「パッケージ染色機」、②チーズ状（またはコーン状）に巻きあげた糸を染色タンク内のスピンドルに積み重ね染浴を循環して染色する「チーズ染色機」、③かせ状の糸をアームにかけ、染浴を循環または噴射して染色する「かせ染色機」がある。

4-1-2 布染め

①ロープ状にした布をリールの回転で引き上げ、溜まった染浴中を移動させて染色する「ウィンス染色機」、②2本のローラーに布を広げた状態で巻きつけ、ローラーの間を往復させる際に溜まった染浴中を移動させて染色する「ジッガー染色機」、③多孔性ビーム管に布を巻き付け、ビーム管の孔を通して染浴をポンプで循環させて染色する「ビーム染色機」、④ロープ状の布を動かしながら染浴を噴射させて染色する液流染色機がある。

4-2 捺染

　バインダーの働きをする捺染糊と染料を混ぜた色糊を、熱や蒸気で被染物に固着して染色する方法が「捺染」である。基本的には模様をつけるための型を用いる。捺染の工程は、デザイン→色分解→製版→色糊作製→印捺→固着（スチーミング）→脱糊（水洗・ソーピング）→乾燥である。捺染の方法には直接と間接がある。

4-2-1　直接捺染法

　模様部分に色糊を直接印捺する方法。模様をつけるための型としてロールを用いるローラー捺染は、銅製ロールを彫った凹部に色糊をつめて布の上を回転させ印捺する。

　模様をつけるための型としてスクリーンを用いるスクリーン捺染には、①スクリーン上に置いた色糊を人の手でスキージング（へら（スキージ）を使って広げる）で印捺するハンドスクリーン捺染、②エンドレスベルト上にセットした布を自動的に移動させ、スクリーンを上から押しあて、色糊をスキージングするという一連の工程を自動的に行うオートスクリーン捺染、③円筒形のロールに巻きつけたスクリーンを用いてオートスクリーン同様に自動で印捺するロータリー捺染がある。現在主流はロータリー捺染である。日本の伝統工芸である型友禅は、型紙を用いた捺染といえる。

　転写捺染は、転写紙に昇華し易い分散染料で印刷した模様を高温で昇華させて布に転写する。

　インクジェット捺染は、これまでに述べた捺染とは異なり、色分解、製版、色糊作製の工程を必要としない。インクジェットプリンターと同様の原理でジェットノズルからインクを布に直接噴射する。コンピューターと連動させ、コンピューターに取り込んだ画像をほぼそのまま再現できる。

4-2-2 間接捺染法

　抜染、防染によって染まらない部分を作ることで間接的に模様にする方法。①染色された布に抜染剤を含む糊を印捺して染料を分解脱色する抜染、②未染色の布に防染剤を含む糊を印捺してから染色する防染、③可抜染料を未固着の状態で浸透させた布に抜染剤を含む糊を印捺してから染料を加熱固着する防抜染がある。

5　仕上げ加工工程

　布に用途に適した性能を持たせて付加価値を高めることを目的として行われるのが仕上げ加工である。その方法には①素材の特性、例えば天然繊維の吸湿性、羊毛の縮充性、合成繊維の熱可塑性などを応用する方法、②薬剤や樹脂で処理して改質する方法、③接着やコーティングによって新たな素材を得る方法がある。

　最近は、人と地球環境に優しい素材への要求と繊維合成技術の進化とが相まって様々な高機能加工製品が増加している。どこまでを「仕上げ加工」とするか線引きが難しいが、基本的なものから最近よく見聞きするものを含めていくつかを取り上げる。

5-1　風合い変化

5-1-1　柔軟加工

　柔軟剤（界面活性剤や樹脂など）の浴に浸漬して行う。柔軟剤が繊維に吸着して被膜をつくることで表面が平滑になり、滑らかなでしなやかな風合いを与える。

5-1-2 シルクライク、レザーライク

シルクライクはポリエステルの断面をシルクと同じ三角形にすることでシルク同様の風合いを持たせたもの。レザーライクは、合成繊維で天然皮革（レザー）の構造を模して作られる。例えばレザーの裏側を起毛させたスエードの特徴を、超極細ポリエステルを起毛させることによって再現したのがスエードライクである。

5-1-3 メルトン、ベロア、ビーバー

羊毛の縮充を利用した加工。縮充後の毛羽を、「メルトン」は絡ませて表面を覆い、「ベロア」は起毛後に揃えて切って光沢を与え、「ビーバー」は起毛後揃えて切った後でプレスして一定方向に伏せる。

5-2　外観変化

5-2-1 フロック加工

布に接着剤を塗布し、短く切断した繊維（フロック）を高圧の静電気によって垂直に立たせて接着する

5-2-2 エンボス加工

凹凸模様を彫った2本の金属ロールの間に布を通してつけた模様を熱で固定する。

5-2-3 リップル加工

セルロース系繊維（綿・麻・レーヨン）を高濃度の水酸化ナトリウムなどのアルカリで処理して収縮させてリップル（さざ波）模様を作る。

5-2-4 オパール加工

耐薬品性の異なる複合糸を用いた布に、一方の繊維を溶解させる薬剤を含む糊を熱固着し、その部分を溶解除去して透かし模様を作る加工。例えばポリエステルを綿で覆った糸を用いた布に硫酸を含む糊を熱固着させるとその部分の綿が除去されてポリエステルが残り透かし模様とな

る。

5-3 機能性付与

5-3-1 形態安定（防縮 防しわ W & W：Wash & wear）

　主に綿製品に樹脂や液体アンモニアを浸漬、またはホルムアルデヒド
を気相加工する。セルロース分子間を架橋して固定し変形しにくくする
ことで、縮みやしわ、型崩れを防ぐ。

　羊毛の防縮加工は、スケールを薬品で除去、樹脂でコーティングする
などして平滑化し、スケールの絡み合いによる縮みを防ぐ。

5-3-2 防水加工

　布に樹脂をコーティングして隙間をなくす。完全防水であるが通気性
も失われる。

5-3-3 透湿防水加工

　布に、水蒸気は通し水滴は通さない大きさの孔を持つ樹脂またはフィ
ルムをコーティングする。

5-3-4 抗菌防臭加工

　微生物の増殖による悪臭の発生を抑える効果のある物質（キトサン、
カテキン、銀など）を繊維に練り込むまたはコーティングする。

5-3-5 UVカット加工

　紫外線を吸収する物質（酸化チタン、特殊セラミックなど）を繊維に
練り込むまたはコーティングする。

5-3-6 吸水（汗）速乾

　吸水性はないが速乾性の大きいポリエステルの断面を中空糸にする、
表面に微細な穴や溝を作るなどの構造変化、多重構造にするなどの方法
で吸水性を大きくする。

吸湿による発熱（吸着熱）の大きいアクリレート系繊維の使用、または吸着熱の大きい加工剤をコーティングし、皮膚から発散する水分を熱に変換する。

6　染色物の堅牢性

染色物は、生産、流通、使用の過程で、日光、摩擦、熱、汗、洗濯など種々の外的刺激を受ける。これらに対する染料の抵抗性を堅牢性という。堅牢性が十分でないと、変退色や色泣きが起こりトラブルとなるから、生産者は慎重に検査を行い、堅牢性が十分な製品を提供しなければならない。堅牢性の程度を堅牢度といい、JIS に定められた方法によって試験され数値で評価される。洗濯堅牢度、日光堅牢度、汗堅牢度、摩擦堅牢度などの試験があり、試験前後の染色物の色の差を評価する。評価は判定用グレースケールを用いて判定者が目で見て色の差を判定する視感法と測色計などの測定機器で測色を行い、色差に数値化する計器法がある。

第9章　柄の種類

現在では「リスクを負わない」「ストックを置かない」「必要に応じて製造する」が徹底され、需要が発生してから製造する。先染め織物であった縞柄、格子柄などは、プリント（捺染）でも表現できる柄なのでプリント柄として製造される傾向になっている。したがって、プリントでは表現できない組織柄、例えば蜂巣織、バーズアイ、ドビー織、ジャカード織や糸の配列に特徴がある毛織物のチェック柄（千鳥格子、グレンチェック）などが織物柄として製造されているのが現状である。さらに製造工程の現場では、IT を導入した革新的な機械の出現により、数年のうちに様変わりすることが予測される。そのような社会的背景ではあるが、視覚的に確認できる商品の柄としては変わりがないことから、基本的な柄を紹介する。基本柄は「見て分かる」から「聞いて分かる」になることが重要である。つまり、見たり、触れたりしなければ生地が分からないのではなく、言葉として聞いた生地がイメージでき、会話ができ、商品企画に役立てられるぐらいまで、基本的なことは身に付けることが大切である。それは専門職としての第一歩でもある。

1 無地

1-1 無地（Plain）

1-1

　1色で染められ、柄のない生地のこと。先染め織物として繊維や糸の段階で染色されたものと、布になってから浸染で染められた後染め織物としての無地がある。単純な平織や綾織のものを一言で無地と呼ぶ場合が一般的である。組織を使った無地織物などは、「黒のジョーゼット」とか「紺のヘリンボーン」とかいい、一言で無地とは言わない。

1-2　霜降り（Pepper and salt）

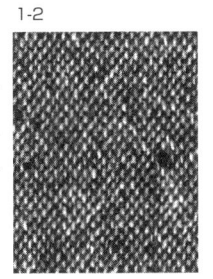

1-2

　毛織物によく見られる柄で、濃色に白のネップが布一面にあり、まるで霜が降ったように見える織物。原毛の段階で部分的に黒色の染色を施し、部分ブレンディングによって各々の色を残す方法と、ネップヤーンを使ってネップが布の表面に表れた状態にする方法などがある。

2　縞（Stripe）

　縞の幅が均一か不均一か、あるいはその混合であるか。1色か多色かによる組み合わせで構成されているシンプルな縞柄か。そのほか、例外として「よろけ縞」など織布するときの筬（おさ）によって作る特殊な縞や45度の綾織物でダイヤゴナルストライプといわれる織り縞など、さまざまな縞がある。

　縞にはたて縞、よこ縞、斜め縞がある。縞の歴史は古く、またどの国にも必ずといってよいほど多く存在する。日本では滝縞、子持ち縞、カツオ縞などの名称を持つ縞がある。

2-1　ピンストライプ（Pin stripe）

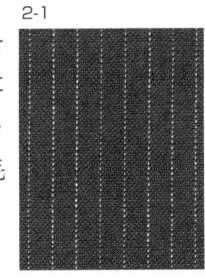

2-1

　ピンはピンヘッド（pinhead）ともいわれ、ピンを上から見たような点が連続したように見え、縞柄になっている織物。メンズスーツやシャツ地、マニッシュなレディススーツにもよく見られ、綿織物、毛織物に多い。

2-2　チョークストライプ（Chalk stripe）

2-2

　濃色地に白いチョークで線を引いたようにかすれていて、細い部分と太い部分とがある縞柄。メンズスーツによく使用され、ピンストライプ同様、カチッとしたレディススーツにも使用される。

2-3　ペンシルストライプ（Pencil stripe）

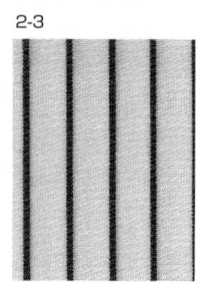
2-3

　鉛筆で線を描いたような縞柄。地に対して糸1本で表現されている細いストライプのことをいい、シャープなラインを表現したいスーツには非常に有効である。ウールのスーツ生地やシャツ地によく使用される。

2-4　ロンドンストライプ（London stripe）

2-4

　5mmくらいの幅の縞柄で同間隔で並んでいる単調なストライプ柄。グレーの濃淡やエンジの濃淡のような色彩のものや白と黒、赤と黒のように明確な色彩のものなどがある。ワンピース、シャツ地やテーブルセンター、ランチョンマットなどのインテリア小物にもよく使用される。

2-5　ブロックストライプ（Block stripe）

2-5

　ロンドンストライプより太い均一な幅のストライプ柄。地と縞が同一幅で配列された単調なストライプである。大胆な感じがすることからリゾート用シャツ

地などに適し、その他インテリア素材としても使われている。

2-6 ダブルストライプ（Double stripe）

2-6

　細い幅のストライプが２本並び、少々広めの間隔をおいて、また細い幅のストライプが２本並んでいるストライプ柄。綿のシャツ地やブラウス地に使われ、カジュアルウエア用生地としてよく見られる。

2-7 ダイヤゴナルストライプ（Diagonal stripe）

2-7

　ダイヤゴナルは、斜文織による斜めの畝を特徴とする斜め縞の総称で、このような斜め縞を特徴とする組織にフランス綾などもある。シルクなどのフィラメント生地においては効果的な光沢を放つ柔らかい感触の斜め縞である。

2-8 よろけ縞

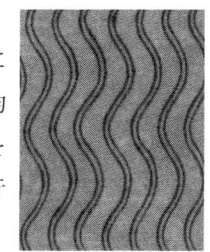
2-8

　織布時に不均一な筬（おさ）を用いて織ることによって、よろけた経縞が表現された織物。経糸を均等に並べ、１枚の筬で密度の異なる特殊な筬に糸を通して織る。その結果、均等に並べた経縞が、蛇行してよろけた縞柄になる。

2-9 子持ち縞

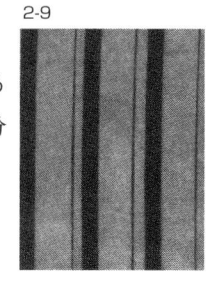
2-9

　太い縞と細い縞が寄り添ったように配列され、まるで親子のように見える。それらの縞に比べ、地の部分

は広めになっている。

2-10　カツオ縞

2-10

　藍の濃淡を利用して鰹（カツオ）の背模様のように染め分けた縞。日本の代表的な縞柄の一つで、普段着のきものによく見られる。また、民芸調に表現したいときにも使われる柄で、なじみ深い縞柄である。

2-11　滝縞

2-11

　太い縞から徐々に細い縞を配列した片滝縞柄や、太い縞を中心に左右の方向に徐々に細い縞を配列した両滝縞柄がある。縞幅が異なるので動きを感じる柄である。紺色の濃淡が代表的であるが、赤や緑を使ったものもある。

2-12　組織柄ストライプ

　そのほか、織物組織で縞を表現したサテンストライプ、サッカーストライプ、ヘリンボーンストライプなど特徴ある織り柄ストライプがある。

2-13　サテンストライプ

2-13

　シフォンジョーゼット地にサテンのストライプを配列して、生地の光沢や風合いの変化を効果的に表現した織り柄ストライプ。

2-14　サッカーストライプ

　経糸の張力変化によって、サッカー特有の畝を作ったり、平滑にした

りしたストライプ。

2-15　ヘリンボーンストライプ
　ヘリンボーン組織の経糸方向を強調したストライプ。

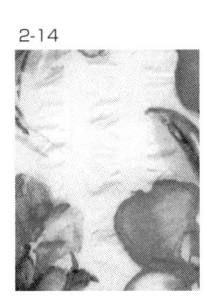

2-14

3　格子（Check）

2-15

　格子柄は「格子」と言ったり「チェック」と言った
り、どちらを聞いても一様にイメージできる聞き
慣れた名称である。たて縞とよこ縞の交差によって
簡単に織ったり、染めたりできるので、多種類の格
子柄がある。格子も縞柄同様、歴史的に見てとても
古く、また地域的に見ても、多くの地域や国に存在
する代表的な柄の一つである。特に、千鳥格子、ブロックチェック、グ
レンチェック、タータンチェック、ギンガムチェック、マドラスチェッ
クなど、国や民族の伝統的な柄として多く存在する。日本にも弁慶格子、
翁（おきな）格子、菊五郎格子など、歌舞伎の衣装など伝統的でモダン
な感じの格子柄が多くある。

3-1　ギンガムチェック（Gingham check）
　先染め糸による平織のチェック柄で、3mm程度の
幅の格子柄である。白地に赤、ピンク、黄、紺、黒など、
色とりどりのかわいいチェックであることから、レ
ディスのブラウス地、子供服やエプロンなどに幅広
く用いられている、チェックの中でも非常にポピュ
ラーな柄である。

3-1

3-2　千鳥格子（Hound's tooth check）

　基本的には黒と白を経緯ともに4本交互に配列し、両面斜文織で織ることによって特徴的な千鳥格子柄を作ることができる。

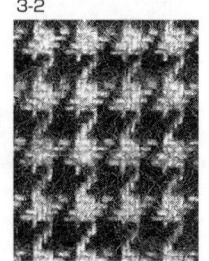

3-2

3-3　シェパードチェック（Shepherd's check）

　シェパードとは「羊飼い」のことを意味する。羊飼いがウールのチェック柄をよく着ていたことから名づけられたといわれる。単純な1cm程度の白黒の2色使いの格子柄の織物である。千鳥格子と間違えられることもあるが、千鳥が飛んでいるような形状が表れないので容易に見分けることができる。

3-3

3-4　ガン・クラブ・チェック（Gun-club check）

　1874年、アメリカの狩猟クラブ（Gun-club）のユニフォームとして用いられたことから、その後この名称で呼ばれるようになった。

　シェパードチェックが基本的に6本交互の白黒2色使いであるのに対して、茶を加えた3色使いの格子柄である。

3-4

3-5　ブロックチェック（Block check）

　江戸中期、上方役者の佐野川市松がこの衣装で舞台に立ち、大流行したことから「市松模様」と称されるようになった。白黒2色や色の濃淡で表現された石畳模様をいう。チェッカーフラッグやチェス板

3-5

を思うとイメージがつかみやすい。

3-6　ウインドーペーン (Window pane)

　「窓枠」を意味するチェック柄のことで、無地や霜降りに四角形の格子柄が配置され、細く淡色系の格子に濃色のウインドーペーンがまるで窓枠のように配置された柄のことをいう。

3-7　グレンチェック（Glen check）

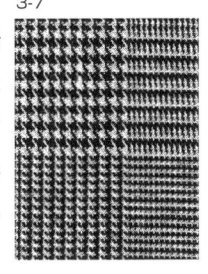

　スコットランドの伝統的なチェックの一つで、老若男女の別なく使用できるチェックでもある。白と黒を2本交互、4本交互に配列し、緯糸も同様にして両面斜文織の組織で織ることによって、部分に千鳥格子が構成され、特徴的なグレンチェック柄を作ることができる。

3-8　マドラスチェック（Madras check）

　インドのマドラス地方が発祥の地とされる綿素材の平織格子柄。もともとは、天然染料を用いた柔らかな色調と平織独特のシンプルさを特徴としたが、現在では天然染料のものはなく、メンズカジュアルシャツ地によく使われる。

3-9　タータンチェック（Tartan check）

　スコットランドの伝統的な民族衣装に使われる毛織物で、濃色系が多く使われる。代表的な色は赤、黒、

緑、黄、紺、白、グレーなどで、大きな格子が特徴である。タータンは、色や格子の配列によってそれぞれの氏族（紋章）を表している。現在はそのような決まりとは異なり、ファッション素材として広く用いられるようになった。

イギリスのデザイナー、ヴィヴィアン・ウエストウッド（Vivienne Westwood 1941 ～）は、コレクションでタータンチェックを多様に使ったアバンギャルドな雰囲気を持った作品を数多く発表している。

3-10　バスケットチェック（Basket check）

変化平織で作る組織柄である。2色の糸を1本交互に配列して織り、籠(かご)のバスケットを思わせるような格子になっている。

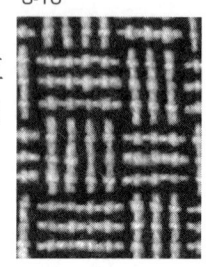

3-10

3-11　ハーリキンチェック（Harlequin check）

ハーリキン（harlequin）とは道化師のことで、ピカソの「アルルカン」の絵の中でこのハーリキンチェックを着ている人物を見ることができるように、道化師独特の衣装柄である。小さな菱柄が連続的に配列されている。

3-11

3-12　弁慶格子

歌舞伎衣装によく見られる格子柄。

大胆で分かりやすく、男性らしい表現ができることから歌舞伎衣装に使われ、よく知られる。シンプルで力強さを感じさせる日本の格子柄の代表的存在である。

3-12

3-13 翁（おきな）格子

能の「高砂」で翁が着けている衣装の柄で、色は茶と緑の組み合わせ、細かい格子に太くて大きな格子が重なり合っている特徴ある織り柄である。

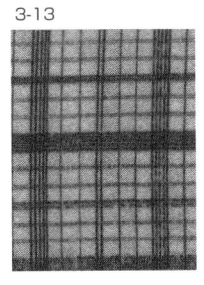

3-13

3-14 菊五郎格子

歌舞伎役者の尾上菊五郎のために考案された格子で、菊五郎の名をもじった柄構成をしている。最近では玉三郎格子も考案され、当代きっての役者に愛用された格子柄が数多くある。

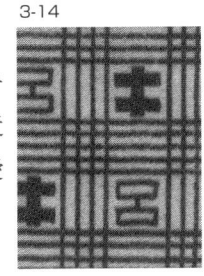

3-14

4　組織柄

織物組織によって作り出される柄をいう。アパレル素材としてよく用いられ、比較的立体感があり、組織を用いないと表現できない。ここでは代表的な組織柄を紹介する。

4-1　バーズアイ（Birds-eye）

経糸が菱形に緯糸を囲み、鳥の目のように浮き出た織り柄である。少し大きめのグースアイ（goose-eye）もある。とてもよい雰囲気をもったカジュアル・旅行用ウールの紡毛織物のコート、ジャケット生地などに用いられる。

4-1

4-2　蜂巣織（Waffle cloth）

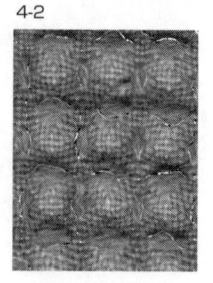

4-2

　四角形の立体に織り出すことができる組織柄である。立体的に浮いた糸が、層状に重なり合っていて、プリント柄では表現できない。したがって織り柄の代表的な存在である。シャネルスーツなどのレディススーツ地やインテリア、ベッドカバー、エプロン、布巾、浴用などの実用品にも多く使われる。

4-3　捩み織（Leno cloth）

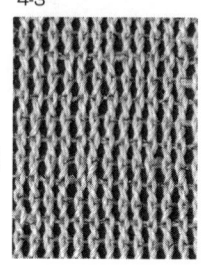

4-3

　左右の経糸2本が捩み、緯糸の組み合わせによって、経糸が緯糸挿入ごとに捩んでいる「紗」と、紗に平織組織を組み合わせた「絽」があり、透けた感じの涼しげな織物。

4-4　ピケ（Pique）

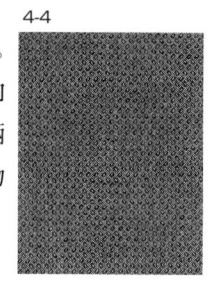

4-4

　経二重織で接結点が畝になっている主に綿織物。畝は緯方向に出ているものと、緯二重織のたて方向に出ているものとがある。中には畝がそのまま花柄や幾何学模様になっているアートピケもある。夏物レディススーツ地などに使用される。

5　プリント（捺染）

　代表的な捺染（プリント）柄を紹介する。プリントは、手捺染、オート捺染があるが、アパレル素材のプリントといえば、おおむねオートスクリーン捺染によって染められた生地である。

　最近では「1人のためのプリント」と称し、顧客の好みに合わせた

CGデザインをインクジェットで瞬時にプリントするビジネスも出現している。さらにCADと連動し、自分サイズのパターンに必要なところだけプリントして即着用できるシステムができている。

　捺染する機械や方法が異なっていてもでき上がったプリント柄には大差はない。ここではよく使用されるプリント柄を紹介する。

5-1　水玉模様（Dot）

　点という意味であるが、水玉模様を意味する。一般に水玉模様はプリント柄で、地色に白の水玉や多色の水玉などを配置する。その水玉の大きさ、色、ドットの中に模様が描かれているものなどいろいろある。少量であるがドビー織の織り柄ドットもある。

5-1
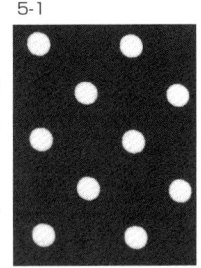

5-2　花柄

　プリント柄の代表的な柄である。小花から大きな花柄までさまざまある。またリアルな色彩のものや実物とは異なる色調で表現された花柄など、形、色彩など自由にプリントされ種類、量ともに多い。

5-2

5-3　アニマル模様（Animal print）

　ヒョウ柄、タイガー模様、ゼブラ模様、ジラフ模様など動物の毛皮の特徴を模写、表現したプリント柄をいう。織物、ニット、革などにプリントされ、アパレル商品はもとよりバッグ、靴、手袋、手帳のカバーなど広範囲に使われている。

5-3
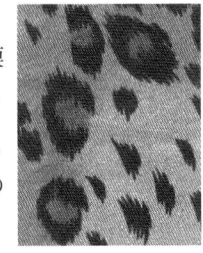

5-4 幾何模様（Geometric pattern）

5-4

　幾何学模様ともいわれる柄で、直線や曲線で描かれた模様。水玉模様、花柄、アニマル模様とともにプリントを代表する柄の一つである。

5-5 民族調

5-5

　アフリカ、中近東、インド、インドネシアなどの特徴を捉えた図柄や色彩でまとめられたプリント柄。例えば、アフリカの大地や動物、唐草模様、ペーズリー模様、更紗などアパレル素材の中でも個性的な位置を占めている。

5-6 日本調

5-6

　日本を代表する図柄や色彩でまとめられたプリント柄。例えば、時代を表現する特徴的な柄を、今日的なプリント柄としてアパレル素材に使うこともある。大正時代に流行した大胆な柄や昭和初期の柄は、若い世代が気軽に和服柄を洋服柄に取り入れ、ストリートファッションとして見ることも珍しくない。和服地に使われた独特な模様や和更紗、ろうけつ染め風、絞り風、絣風のプリントなどがある。

6 その他

　独特な技法や個性的な柄を表現していて、アパレル素材として活用できる布を紹介する。

6-1　絞り

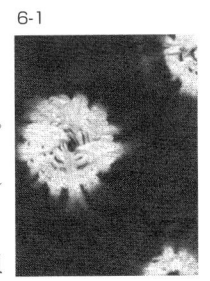

　伝統的な有松・鳴海絞りのような力強い綿絞りや、京鹿の子絞りのような繊細な模様を表現するものなど、数多く存在する。またアフリカの絞りのようにプリミティブな力強さを表現した布も人気がある。これらは非常に個性的な素材であるので、民族的なファッションや装いには欠かせない。基本的な絞り技法を組み合わせてオリジナル柄を制作することも比較的容易であるので、既製の生地に手絞り柄を施してオリジナル生地を作ったり、染色するだけでなく抜染することで逆効果を狙った面白い試みもできる。

6-2　絣

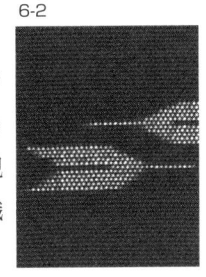

　精緻な絣は日本独特なものである。絣は東南アジア、北アフリカや南米など一定の地域に古くからある技法で、絞り同様、繊細さと力強さの両面を表現できる民族的な雰囲気を持ったシンプルな先染め織物である。

6-3　ドビー織（Dobby cloth）

　ドビー装置を付けた織機で織った織物のことをいう。綜絖が枠の中に納められていて綜絖枠8〜32枚

程度としていることから、左右対称、小柄模様、規則正しく柄を表現することを得意とする。

6-4　ジャカード織（Jacquard cloth）

6-4

　ジャカード装置を付けた織機で織った織物のことをいう。綜絖が1本1本独立しているため自由に柄を織り出すことができる。

7　配置による柄

188

　柄そのものは花や葉、蔓（つる）などの植物であったり、シンプルなストライプであったりするが、その配列が四角形、横方向の直線や曲線などを描いている場合、配置により特別な名称がついている柄がある。

7-1　パネル柄（Panel pattern）

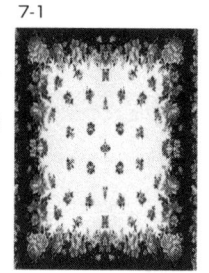
7-1

　パネル（panel）とは1枠という意味で、スカーフやハンカチによく見られる柄の配置をいう。四角形の布の形に沿って、柄で囲った配置が特徴である。

7-2　ボーダー柄（Border pattern）

　スカート、ブラウス、エプロンなどの裾に配置された横方向にデザインされた柄をいう。

7-2

7-3　ワンウエー柄（One-way）

　すべてが一方方向に向いている柄のこと。流動性を感じることができるが、アパレル素材としては裁

断のときに柄の方向を考慮する必要がある。毛足の
ある素材同様、柄が一方方向であるため、裁断の時
は注意する必要がある。

7-4 ツーウエー柄(Two-way)

　柄が2方向で配置されている構成のことをいう。
プリント柄もツーウエーが多く、柄配置のバランス
が良いため裁断や着装感に安定性があり、アパレル
素材として多く用いられている柄配置である。

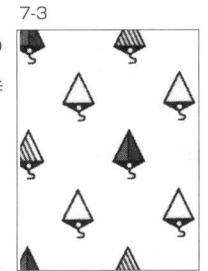
7-3

7-4

8　ニット柄

8-1　リブ編（Rib stitch）

　横方向（コース = course）に表目と裏目を交互に
配列したニット組織のことをいう。物性としては横
伸びするため、ゴム編とも言われる。外観は縦方向
(wale) に表目と裏目が連なっていることからその形
状をあばら骨（rib）にたとえ名づけられた。このリ
ブ編はフィッシャーマンセーターなどファッション
アイテムとしても根強い人気があり、また多くのセー
ター類の首周りや、手首など伸縮性を必要とする部
分に用いたり、ポケットのように編地のアクセント
にするなどパーツにも使われる。

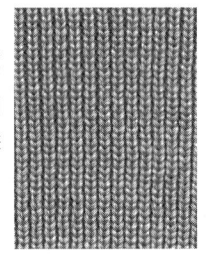
8-1

8-2　鹿の子編

　絞り染の一種である鹿の子絞りのような形状に見

8-2

えることから名づけられた平編み変化組織である。肌との接触点が少なく、通気性に優れているためスポーツシャツによく使用される。最近ではスポーツウエアがカジュアルウエア化している。綿素材のポロシャツが一般的によく知られた商品である。

8-3 縄編（Cable knitting）

縄のような形状は、目移しを応用したゴム編の一種である。カーディガン、プルオーバーセーターの柄としては非常にポピュラーな柄として知られる。アラン諸島のアランセーターは縄編を効果的に用い、力強さや躍動感を表現した代表的な縄編セーターである。

8-3

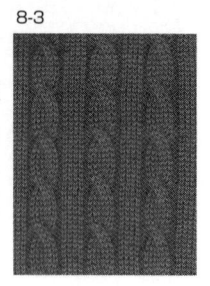

8-4 アーガイル（Argyle）

アーガイルとはスコットランド西部の地名から名づけられたといわれ、ニットの菱形の格子柄を指す。プルオーバーセーターやカーディガン、ソックスなどにワンポイントとして使われたり、連続柄として使われるなどよく知られる柄である。

8-4

8-5 レース柄

寄せのテクニックを使い編目を隣の針に移し重ね、穴を開けたようにして作る柄である。穴の開く場所を配置することにより、様々なレース柄を作ることができる。

8-5

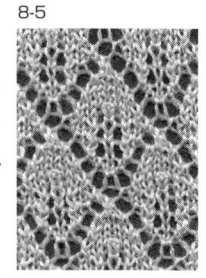

8-6　市松柄

8-6

　表目と裏目を四角形が重なったように連続配置することで作る柄である。柄の大きさを変えることが容易であり、地厚で凹凸感のある模様である。このように表目と裏目を組み合わせて作る編地をリンクスアンドリンクス編という。

8-7　振り柄

8-7

　ニードルベッドが２枚ある横編機で主に作られる柄である。片方のニードルベッドを左右に動かし（振り）ながら編み進めると、ジグザグの柄を作ることができる。

8-8　ジャカード柄

　複数の色や糸を用いて花柄や幾何学的な模様など具体的な絵柄を編み出すものを指す。

　編み方は複数あり、裏側に浮き糸ができ規則的な小柄を作ることができるシングルジャカード。大柄も作ることができ、裏側にも編目を作るため浮き糸ができないダブルジャカード。リバーシブルに利用される袋ジャカードなどがある。

8-8

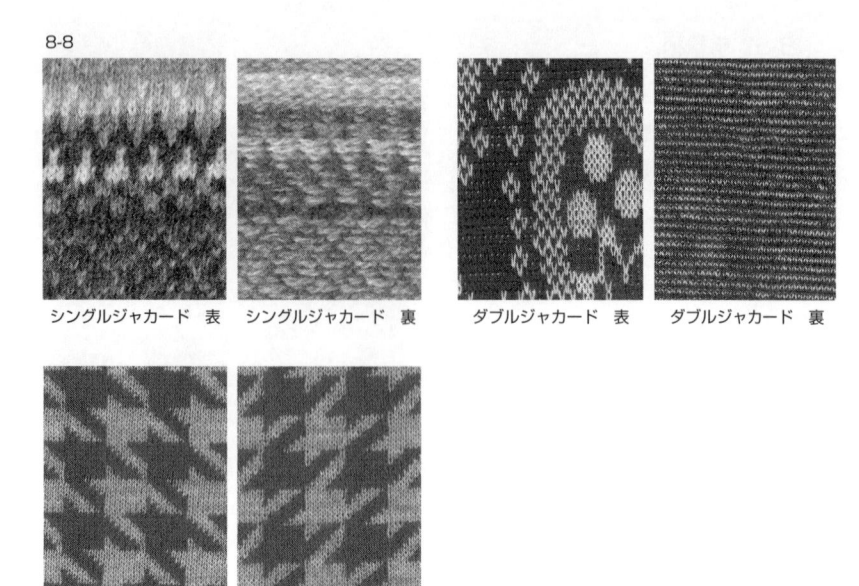

シングルジャカード　表　　シングルジャカード　裏　　　　ダブルジャカード　表　　ダブルジャカード　裏

袋ジャカード　表　　　　袋ジャカード　裏

新版
アパレル素材の基本

第 10 章　商品アイテム名と部分名称

商品企画から流通、販売までどの場面でも、商品アイテム名やそのパーツ名を知っておくことは、他者に伝達する場合に重要な事柄である。この章では名称とバリエーションを紹介する。

1　衿なし

1-1　ベアトップ

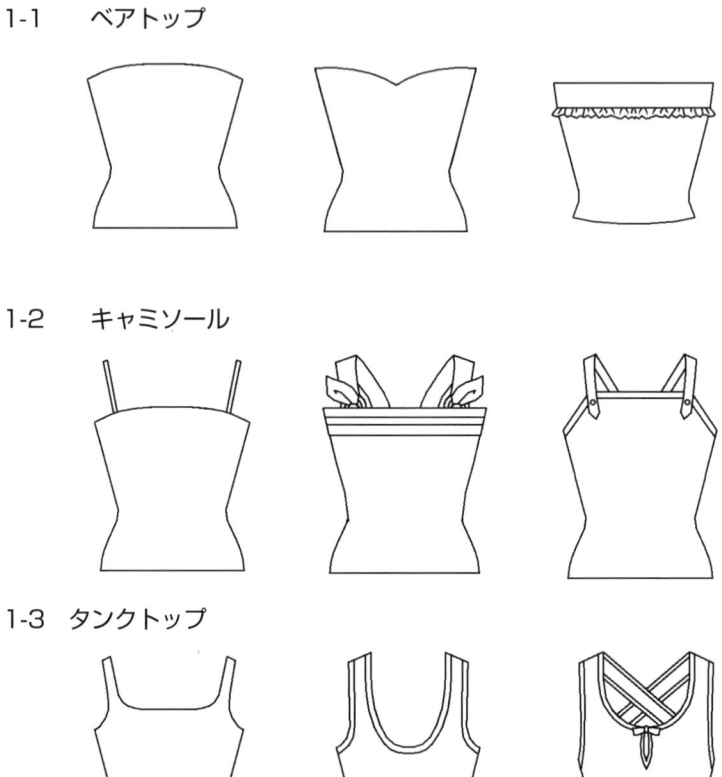

1-2　キャミソール

1-3　タンクトップ

1-4 ラウンドネック

ノーマルネック　　　ヘンリーネック　　　U字型ネック（U）

V字型ネック (V)　　オブロングネック　　ボート型ネック

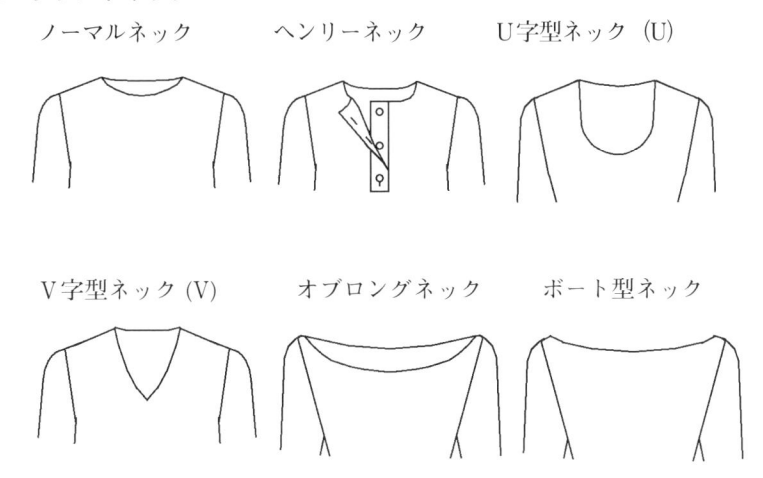

2　衿付き

ハイネック　　　ファネルネック　　プランジングネック

2-1　スタンドカラー

バンドカラー

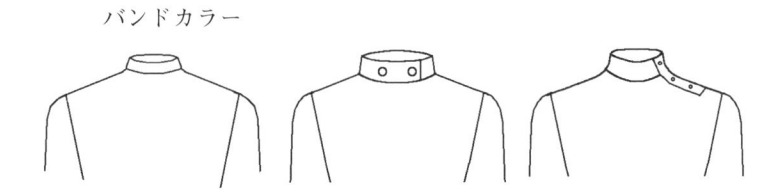

2-2 ボーカラー

2-3 ショールカラー

2-4 台付きカラー

シャツカラー　　　　　　　　　　　　ボタンダウン

2-5 テーラーカラー

ノッチドカラー　　　　　　　　　　　ピークドカラー

2-6 セーラーカラー

2-7 ラッフルカラー

  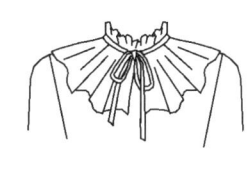

3 袖なし

3-1 ノースリーブ

  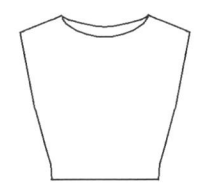

4　袖付き

4-1　フレンチスリーブ

4-2　ラグランスリーブ

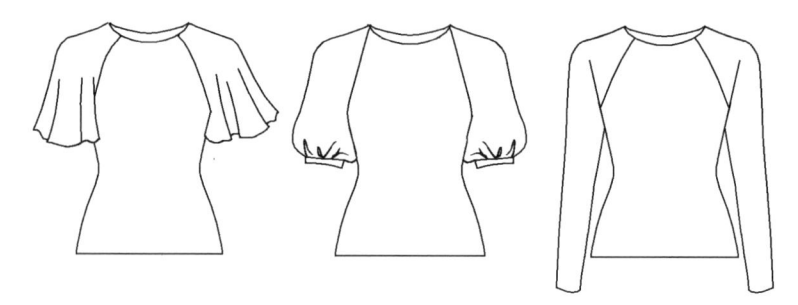

4-3　ドルマンスリーブ

4-4　きものスリーブ

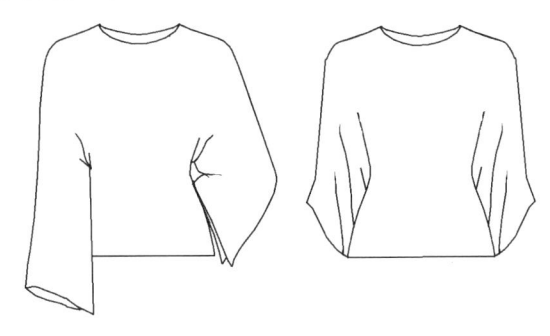

4-5　キャップスリーブ

4-6　半袖

パフスリーブ　　　　フレアスリーブ

4-7　七分袖

4-8　長袖

  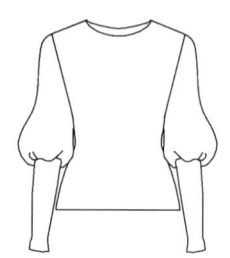

5　カフスバリエーション

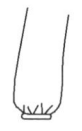 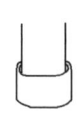 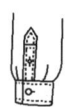  

6　ポケットバリエーション

7　ヨーク

ショルダー　　　　　バスト　　　　　　　ウエスト

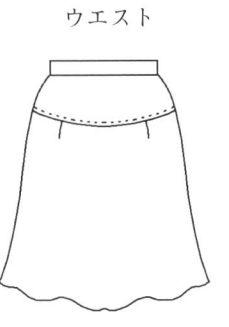

8　スカート

8-1　タイト　　　　　　　　　　8-2　セミタイト

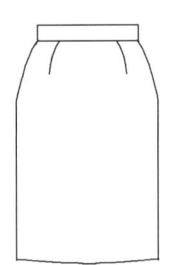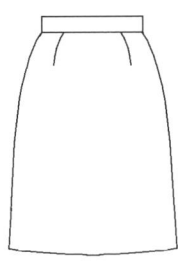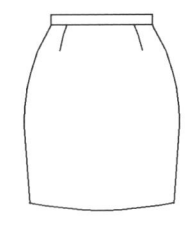

8-3　プリーツ

プリーツスカート
くるまひだ　　　　　　ボックス　　　　アコーディオンプリーツ

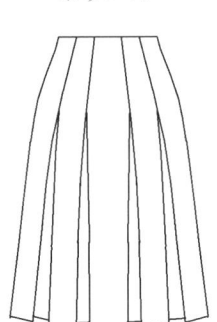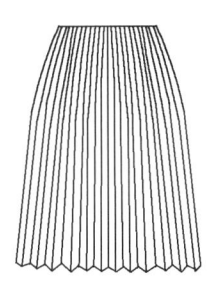

インバーテッドプリーツ

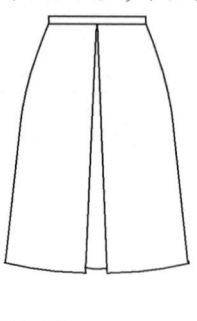 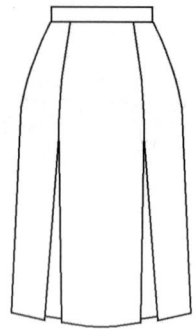

8-4 フレア

フレアスカート

4枚はぎフレアスカート　　8枚はぎフレアスカート

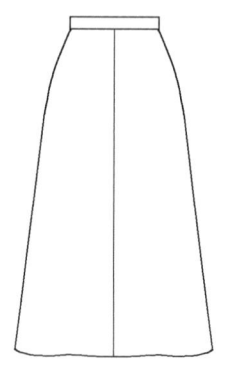 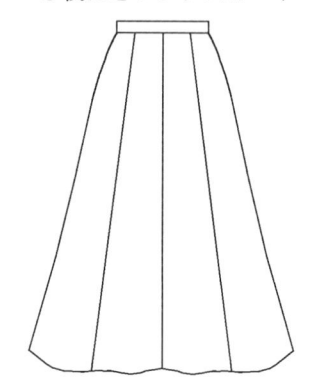

マーメードライン　　　　エスカルゴ

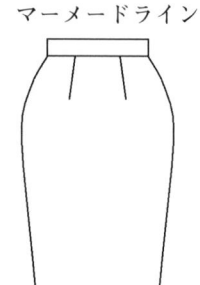 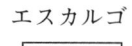 

8-5 キュロット

キュロットスカート

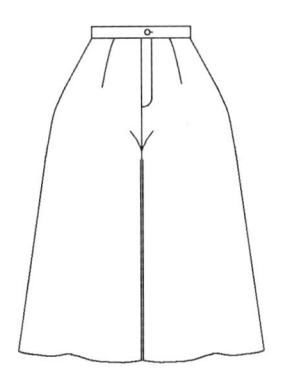

9 パンツ

9-1 ショートパンツ

ホットパンツ

ボクサーパンツ

9-2 七分パンツ

バミューダパンツ

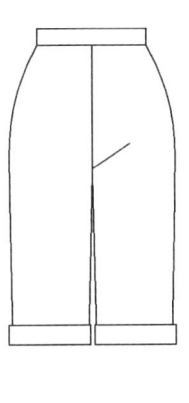

サブリナパンツ

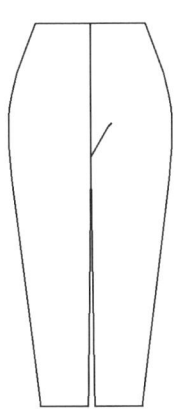

9-3　ロングパンツ

スリムパンツ　　　　ストレートパンツ　　　　ワイドパンツ

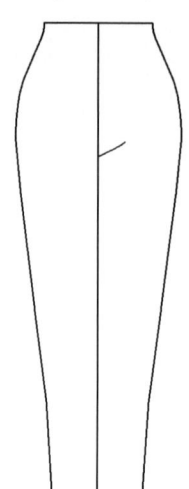 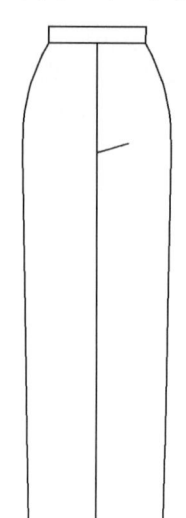 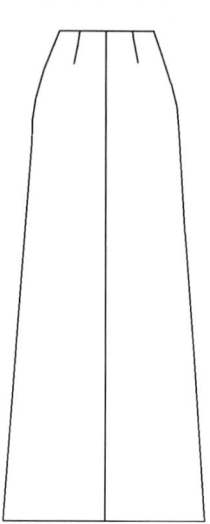

9-4　裾

シングル　　　　ダブル

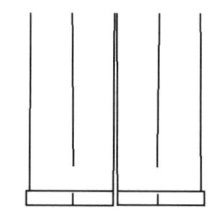

10　ジャケット・コート・スーツ
（単独で着用したり、組み合わせてスーツやアンサンブルとして着用）

10-1　ジャケットスーツ　　　　10-2　テーラードスーツ

10-3　カーディガンスーツ

10-4 パンツスーツ

10-5 ブレザーコート

10-6 ピーコート

10-7 七分コート

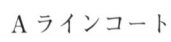

Ａラインコート

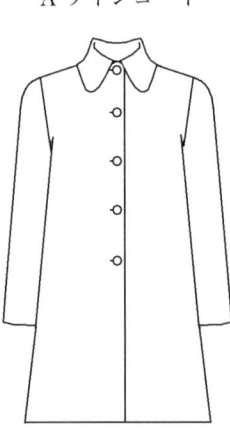

プリンセスラインコート

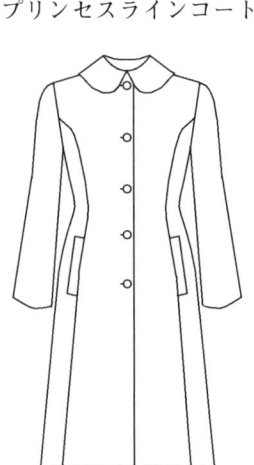

ダッフルコート

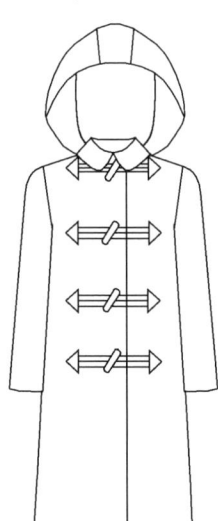

10-8 ロングコート

トレンチコート

11 ケープ

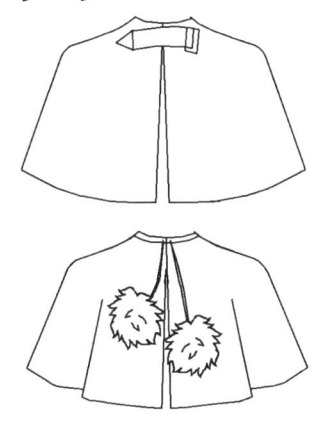

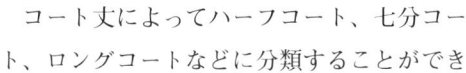

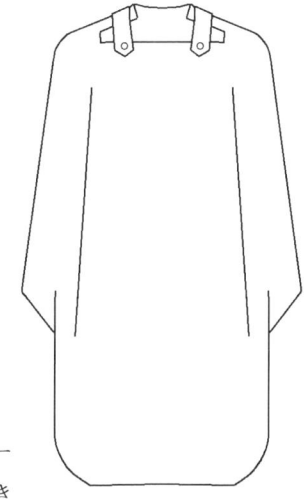

　コート丈によってハーフコート、七分コート、ロングコートなどに分類することができる。したがってAラインコートはそのシルエット名であって、ハーフ、七分、ロングなどの丈がある。その他下着、スポーツウエア、フォーマルウエア、和装についても代表的な商品アイテムやパーツ名は覚えておきましょう。またブランドによっては、トータルコーディネートをするためにバッグ、シューズ、手袋などの小物類も一緒に商品展開するとこ

ろもあるので、併せて覚えておきましょう。

　最近では、海外ブランドの商品も多く、サイズの比較表（ウエア類、シューズ、手袋）などにも気を配ることが大切である。

12　メンズ

12-1　スーツ

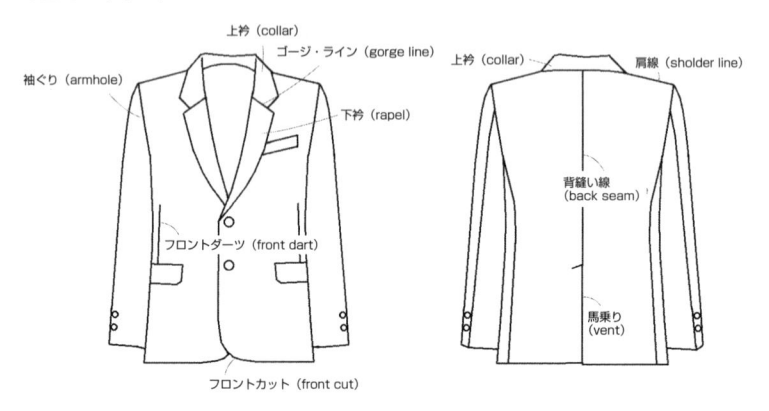

12-2　パンツ

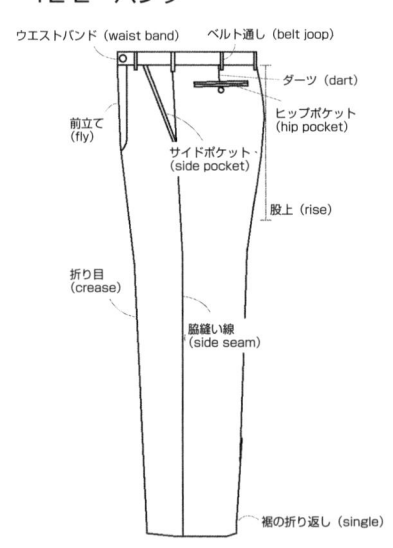

12-3　シャツ

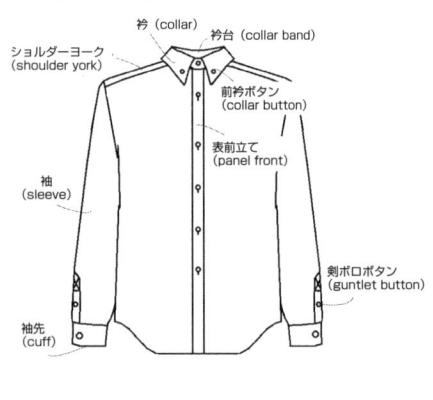

附表I　化学繊維の用語と定義　出所：繊維ハンドブック／日本化学繊維協会

指 定 用 語	定　　　義
レーヨン（ポリノジック）	ビスコース法により製造された再生セルロースを主成分とする繊維。ただし、平均重合度450以上の結晶化度の高い繊維である場合は「ポリノジック」の呼称を用いることができる。
キュプラ	銅アンモニア法により製造された再生セルロースを主成分とする繊維。
アセテート（トリアセテート）	水酸基の74％以上、92％未満が酢酸化されている酢酸セルロースを主成分とする繊維。ただし、水酸基の92％以上が酢酸化されている繊維である場合は「トリアセテート」の呼称を用いることができる。
ナイロン	単量体相互の結合部分が主としてアミド結合（-CO・NH-）からなり、繰り返しているアミド結合の85％以上が脂肪族または環状脂肪族単位と結合している長鎖状合成高分子からなる繊維。
アラミド	単量体相互の結合部分が主としてアミド結合（-CO・NH-）からなり、2個のベンゼン環に直接結合しているアミドまたはイミド結合が質量比で85％以上で、イミド結合がある場合は、その数がアミド結合の数を超えない長鎖状合成高分子からなる繊維。
ビニロン	ビニルアルコール単位（-CH2・CHOH-）を重量割合で65％以上含む長鎖状合成高分子からなる繊維。
ビニリデン	塩化ビニリデン単位（-CH2・CCl2-）を主成分として形成された長鎖状合成高分子からなる繊維。
ポリ塩化ビニル	塩化ビニル単位（-CH2・CHCl-）を重量割合で65％以上含む長鎖状合成高分子からなる繊維。
ポリエステル	単量体相互の結合部分が主としてエステル結合（-CO・O-）による長鎖状合成高分子からなる繊維。
アクリル	アクリロニトリル単位（-CH2・CHCl-）を重量割合で85％以上含む長鎖状合成高分子からなる繊維。
アクリル系	アクリロニトリル単位を重量割合で35％以上85％未満を含む長鎖状合成高分子からなる繊維。
ポリエチレン	エチレン単位（-CH2・CH2-）を主成分として形成された長鎖状合成高分子からなる繊維。
ポリプロピレン	プロピレン単位（-CH2・CHCH3-）を主成分として形成された長鎖状合成高分子からなる繊維。
ポリウレタン	単量体相互の結合部分または基本となる基材重合体相互の結合部分が主としてウレタン結合（-O・CO・NH-）による長鎖状合成高分子からなる繊維。

附表II 繊維の性能表1

			綿(アップランド)	羊 毛(メリノ)
1	引張強さ	標準時	2.6 ～ 4.3	0.9 ～ 1.5
2	(cN/dtex)	湿潤時	2.9 ～ 5.6	0.67 ～ 1.44
3	乾湿強力比(%)		102 ～ 110	76 ～ 96
4	引掛強さ(cN/dtex)			
5	結節強さ(cN/dtex)			
6	伸び率(%)	標準時	3 ～ 7	25 ～ 35
7		湿潤時		25 ～ 50
8	伸長弾性率(%)(3%伸長時)		74(2%) 45(5%)	99(2%) 63(20%)
9	初期引張抵抗度	(cN/dtex)	60 ～ 82	10 ～ 22
10	(見掛ヤング率)	(kg/mm²)	950 ～ 1300	130 ～ 300
11	比 重		1.54	1.32
12		公定	8.5	15.0
13	水分率(%)	標準状態 (20℃,65%RH)	7	16
14		その他の状態 (20℃,20%RH) (20℃,95%RH)	95% RH:24 ～ 27	95% RH:22
15	熱の影響および燃焼の状態		120℃ 5時間で黄変 150℃ で分解	130℃ で分解 205℃ で焦げる 300℃ で炭化
16	耐候性(屋外暴露の影響)		強力低下し、黄変する傾向あり	強力低下し、染色性やや低下
17	酸の影響		熱希酸、冷濃酸で分解、冷希酸に影響なし	熱硫酸で分解、強酸、弱酸には加熱しても抵抗性あり
18	アルカリの影響		苛性ソーダで膨潤(マーセル化)するが、損害なし	強アルカリで分解、弱アルカリで侵される。冷希アルカリ中で攪拌することにより縮絨
19	他の化学薬品の影響		次亜鉛素酸塩、過酸化物により漂白、銅アン液により膨潤または分解	過酸化物あるいは亜硫酸ガスにより漂白
20	溶剤の影響 一般溶剤：アルコール、エーテル、ベンゼン、アセトン、ガソリン、パークレン		一般に不溶	一般に不溶
21	染 色		直接、バット、アゾ、塩基性、媒染、硫化、顔料で染色可能	酸性、ミリング、クローム、媒染、バット、インジゴ
22	虫・かびの影響		虫には十分抵抗性あり、かびに侵される(漂白、アセチル化したもの良好)	虫に侵されるがかびには抵抗性あり

(註)cN/dtex と gf/d との換算法については本文28頁を参照されたい。

出所：概説被服材料学／光生館

絹	麻	
	亜麻(リネン)	苧麻(ラミー)
2.6 ～ 3.5	4.9 ～ 5.6	5.7
1.9 ～ 2.5	5.1 ～ 5.8	6.8
70	108	118
	7 ～ 8	8.2
2.6	4.0 ～ 4.2	4.4
15 ～ 25	1.5 ～ 2.3	1.8 ～ 2.3
27 ～ 33	2.0 ～ 2.3	2.2 ～ 2.4
54 ～ 55(8%)	84(1%)	84(1%) 48(2%)
44 ～ 88	163 ～ 357	
650 ～ 1200	2500 ～ 5500	
1.33 ～ 1.45	1.5	
11.0	12.0	
9	7 ～ 10	
100% RH:36 ～ 39	100% RH:23	100% RH:31
235°C で分解 275 ～ 456°C で燃焼 366°C で発火	130°C 5時間で黄変 200°Cで分解	
強力低下著しく、60日で55%、140日で65%低下	黄褐色となり強力低下	
熱硫酸で分解。他の酸に対する抵抗性は羊毛より若干低い	硝酸で淡黄色となる 濃硫酸で膨潤	熱酸液に侵される
セシリンは容易に溶解し、フィブロインの一部も侵される。 羊毛より若干良好	膨潤するが損傷なし	
過酸化物あるいは亜硫酸ガスにより漂白	酸化剤に対する抵抗性が弱い	
一般に不溶	一般に不溶	
直接、酸性、塩基性、媒染	直接、ナフトール、バット	
かびには抵抗性があるが虫には綿より弱い	虫には抵抗性あり、かびに侵される	

附表Ⅱ　繊維の性能表2

			レーヨン		ポリノジック ステープル	キュプラ	
			ステープル	フィラメント		ステープル	フィラメント
1	引張強さ	標 準 時	2.2 ～ 2.7	1.5 ～ 2.0	3.1 ～ 4.6	2.6 ～ 3.0	1.6 ～ 2.4
2	(cN/dtex)	湿 潤 時	1.2 ～ 1.8	0.7 ～ 1.1	2.3 ～ 3.7	1.8 ～ 2.2	1.0 ～ 1.7
3	乾湿強力比(%)		60 ～ 65	45 ～ 55	70 ～ 80	70 ～ 75	55 ～ 70
4	引掛強さ(cN/dtex)		1.1 ～ 1.6	2.6 ～ 3.6	1.1 ～ 1.9	2.5 ～ 2.6	2.4 ～ 3.4
5	結節強さ(cN/dtex)		1.1 ～ 1.5	1.2 ～ 1.8	1.3 ～ 2.2	2.1 ～ 2.3	1.3 ～ 2.1
6	伸び率(%)	標 準 時	16 ～ 22	18 ～ 24	7 ～ 14	14 ～ 16	10 ～ 17
7		湿 潤 時	21 ～ 29	24 ～ 35	8 ～ 15	25 ～ 28	15 ～ 27
8	伸長弾性率(%)(3%伸長時)		55 ～ 80	60 ～ 80	60 ～ 85	55 ～ 60	55 ～ 80
9	初期引張抵抗度	(cN/dtex)	26 ～ 62	57 ～ 75	62 ～ 97	53 ～ 71	44 ～ 66
10	(見掛ヤング率)	(kg/mm²)	400 ～ 950	850 ～ 1150	950 ～ 1500	800 ～ 1000	700 ～ 1000
11	比　重		1.50 ～ 1.52			1.50	
12	水分率(%)	公　定	11.0			11.0	
13		標準状態 (20℃,65%RH)	12.0 ～ 14.0			12.0 ～ 14.0	10.5 ～ 12.5
14		その他の状態 (20℃,20%RH) (20℃,95%RH)	20% RH:4.5 ～ 6.5 95% RH:25.0 ～ 30.0			20% RH:4.0 ～ 4.5 95% RH:21.0 ～ 25.0	
15	熱の影響および燃焼の状態		軟化、溶接しない。260～300°Cで着色分解し始める白っぽい軟らかい灰が少し残る			レーヨンに同じ	
16	耐候性(屋外暴露の影響)		強力やや低下する			レーヨンに同じ	
17	酸の影響		熱希酸、冷濃酸により強度低下しさらに分解するが、5%塩酸、11%硫酸では強度はほとんど低下しない			レーヨンに同じ	
18	アルカリの影響		強アルカリにより膨潤し強度低下するが、2%苛性ソーダ溶液では強度はほとんど低下しない	強アルカリにより膨潤し強度低下するが、4.5%苛性ソーダ溶液では強度はほとんど低下しない		ポリノジックに同じ	
19	他の化学薬品の影響		強酸化剤に侵されるが、次亜塩素酸塩、過酸化物等による漂白で損傷しない			レーヨンに同じ	
20	溶剤の影響 一般溶剤:アルコール、エーテル、ベンゼン、アセトン、ガソリン、パークレン		一般溶剤には溶解しない。銅アンモニア溶液、銅エチレンジアミン溶液に溶解する			レーヨンに同じ	
21	染　色		一般に用いられる染料:反応性、直接、バット、ナフトール硫化、媒染、塩基性、顔料			レーヨンと同様であるが、初期の染色速度大	
22	虫・かびの影響		虫には十分抵抗性あり、かびに侵される			レーヨンに同じ	

アセテート			ビニロン	
ステープル	フィラメント	トリアセテート フィラメント	ステープル	フィラメント
1.1 ～ 1.4	1.1 ～ 1.2	1.1 ～ 1.2	3.5 ～ 5.7	2.6 ～ 3.5
0.7 ～ 0.9	0.6 ～ 0.8	0.7 ～ 0.9	2.8 ～ 4.6	1.9 ～ 2.8
61 ～ 67	60 ～ 64	67 ～ 72	72 ～ 85	70 ～ 80
0.9 ～ 1.2	1.9 ～ 2.3	1.8 ～ 2.1	2.8 ～ 4.6	4.0 ～ 5.3
0.9 ～ 1.1	1.0 ～ 1.1	0.9 ～ 1.1	2.1 ～ 3.5	1.9 ～ 2.6
25 ～ 35	25 ～ 35	25 ～ 35	12 ～ 26	17 ～ 22
35 ～ 50	30 ～ 45	30 ～ 40	12 ～ 26	17 ～ 25
70 ～ 90	80 ～ 95	80 ～ 95	70 ～ 85	70 ～ 90
22 ～ 35	26 ～ 40	26 ～ 40	82 ～ 62	53 ～ 79
300 ～ 500	350 ～ 550	400 ～ 550	300 ～ 800	700 ～ 950
1.32		1.30	1.26 ～ 1.30	
6.5		3.5	5.0	
6.0 ～ 7.0		3.0 ～ 4.0	4.5 ～ 5.0	3.5 ～ 4.5
20% RH:1.2～2.4 95% RH:10.0～11.0		95%RH:8.8	20%RH:普通1.2～1.8 強力 1.0～1.5 95%RH:普通10.0～12.0 強力 8.0～10.0	
軟化点：200～230° C 溶融点：260° C、軟化。収縮しながら徐々に燃焼する。硬くて黒い塊を少し残すが手で押して容易につぶれる	軟化点：250° C以上 溶融点：300° C、軟化。軟化収縮しながら徐々に燃焼する。硬くて黒い塊を少し残すが手で押して容易につぶれる		軟化点：220～2300° C以上 溶融点：明りようでない。軟化収縮しながら徐々に燃焼する。褐色または黒色の不整性のもろい塊となる	
強度ほとんど低下しない			強度ほとんど低下しない	
濃塩酸、濃硫酸、濃硝酸により分解するが、3％塩酸、10％硫酸では強度は殆ど低下しない	濃強酸により分解するが、稀酸では強度は殆ど低下しない		濃塩酸、濃硫酸、濃硝酸で膨潤あるいは分解するが10％塩酸、30％硫酸では強度は殆ど低下しない	
強アルカリによりけん化され強度低下するが、0.03％苛性ソーダ溶液では強度は殆ど低下しない	強アルカリによりけん化され強度低下するが、0.5～1％苛性ソーダ溶液では表面のみけん化され強度は殆ど低下しない		50％苛性ソーダ溶液では強度は殆ど低下しない	
強酸化剤に侵されるが次亜塩素酸塩、過酸化物等の漂白で損傷し			一般に良好な抵抗性あり	
アルコール、エーテル、ベンゼン、パークレン等には溶解しない。アセトン、氷酢酸、フェノールに溶解する	アルコール、エーテル、ベンゼン等には溶解しない。アセトンには膨潤し部分的に溶解する。メチレンクロライド、氷酢酸に溶解する		一般溶剤には溶解しない。熱ピリジン、フェノール、クレゾール、濃き酸に膨潤、あるいは溶解する	
一般に用いられる染料：分散、顕色性分散、酸性、塩基性	一般に用いられる染料：分散、顕色性分散、酸性		一般に用いられる染料：バット、硫化バット、金属錯塩、硫化、直接、顔料	
虫には十分抵抗性あり、かびには抵抗性が強い			十分に抵抗性あり	

附表Ⅱ　繊維の性能表3

			ナイロン		ナイロン66	ビニリデン		ポリ塩化ビニル	
			ステープル	フィラメント	フィラメント	ステープル	フィラメント	ステープル	フィラメント
1	引張強さ	標準時	4.0 〜 6.6	4.2 〜 5.6	4.4 〜 5.7	0.8 〜 1.3	1.3 〜 2.3	1.8 〜 2.5	2.4 〜 3.3
2	(cN/dtex)	湿潤時	3.3 〜 5.6	3.7 〜 5.2	4.0 〜 5.3	0.8 〜 1.3	1.3 〜 2.3	1.8 〜 2.5	2.4 〜 3.3
3	乾湿強力比(%)		83 〜 90	84 〜 92	90 〜 95	100	100	100	100
4	引掛強さ(cN/dtex)		6.2 〜 9.7	7.5 〜 10.1	7.5 〜 10.1	0.9 〜 1.6	0.9 〜 2.2	2.6 〜 3.5	3.3 〜 4.4
5	結節強さ(cN/dtex)		3.3 〜 4.8	3.8 〜 5.3	4.0 〜 5.3	0.5 〜 1.1	0.9 〜 1.8	1.6 〜 2.1	1.6 〜 2.4
6	伸び率(%)	標準時	25 〜 60	28 〜 45	25 〜 38	20 〜 40	18 〜 33	70 〜 90	20 〜 25
7		湿潤時	27 〜 63	36 〜 52	28 〜 45	20 〜 40	18 〜 33	70 〜 90	20 〜 25
8	伸長弾性率(%)(3%伸長時)		95 〜 100	98 〜 100	98 〜 100	98 〜 100		70 〜 85	80 〜 90
9	初期引張抵抗度	(cN/dtex)	7 〜 26	18 〜 40	26 〜 46	3 〜 8	5 〜 13	13 〜 22	26 〜 40
10	(見掛ヤング率)	(kg/mm^2)	80 〜 300	200 〜 450	300 〜 520	40 〜 130	100 〜 200	200 〜 300	450 〜 550
11	比重		1.14			1.70		1.39	
12		公定	4.5			0		0	
13	水分率(%)	標準状態 (20℃,65%RH)	3.5 〜 5.0			0		0	
14		その他の状態 (20℃,20%RH) (20℃,95%RH)	20% RH:1.0 〜 1.8 95% RH:8.0 〜 9.0			20% RH:0 95% RH:0 〜 0.1		20% RH:0 95% RH:0 〜 0.3	
15	熱の影響および燃焼の状態		軟化点:180℃ 溶融点:215 〜 220℃ 溶融しながら除々に燃焼する。冷えるとガラスのような硬い球になる。自燃性なし		軟化点:230 〜 235℃ 溶融点:250 〜 260℃ 溶融しながら徐々に燃焼する。冷えるとガラスのように硬い球になる。自燃性なし	軟化点:145 〜 165℃ 溶融点:165 〜 185℃ 軟化収縮しながら溶融し同時に分解炭化する。丸い黒い塊が残る。自燃性なし		溶融点:200 〜 210℃ 収縮開始温度:ステープル(耐熱)105〜110℃、(普通)90〜100℃、(強力)60〜70℃、軟化収縮しながらばい煙を上げ黒塊炭となる。自燃性なし	
16	耐候性(屋外暴露の影響)		強度やや低下し、わずかに黄変する場合がある			強度殆ど低下しない		強度は殆ど低下しない	
17	酸の影響		濃塩酸、濃硫酸、濃硝酸で一部分解を伴って溶解するが、7% 塩酸、20% 硫酸、10% 硝酸では強度殆ど低下しない			濃硫酸、濃硝酸では強度は殆ど低下しない。		濃塩酸、濃硫酸では強度は殆ど低下しない	
18	アルカリの影響		50% 苛性ソーダ溶液、28% アンモニア溶液では強度殆ど低下しない			50% 苛性ソーダ溶液、15% アンモニア溶液では強度は殆ど低下		50% 苛性ソーダ溶液、濃アンモニア溶液では強度は殆ど低下しない	
19	他の化学薬品の影響		一般的に良好な抵抗性あり			殆ど変化しない		殆ど変化しない。 (酸化還元剤に対しても良好な耐性あり)	
20	溶剤の影響 一般溶剤 : アルコール、エーテル、ベンゼン、アセトン、ガソリン、パークレン		一般溶剤には溶解しない。フェノール類(フェノール、m-クレゾール等)、濃ぎ酸に溶解、氷酢酸に膨潤、加熱により溶解する			一般溶剤には溶解しない。o−ジクロールベンゼン、シクロヘキサノンに溶解あるいは膨潤する。テトラヒドロフラン、ジメチルホルムアミドに溶解する。		アルコール、エーテル、ガソリンには溶解しない。ベンゼン、アセトン、熱パークレンに膨潤する。テトラヒドロフラン、シクロキサノン、ジメチルホルムアミド、熱ジオキサンに溶解する	
21	染色		一般に用いられる染料:酸性、金属錯塩、分散、反応性、クロム 特殊タイプに用いられる染料:カチオン			一般に顔料により原液染を行う。分散染料や顔料による染色も可能。		一般に用いられる染色:分散ナフトール、含金属(キャリヤー染色が主である)	
22	虫・かびの影響		完全に抵抗性あり			完全に抵抗性あり		完全に抵抗性あり	

214

| ポリエステル | | アクリル | | アクリル系 | ポリエチレン(低圧法) | ポリプロピレン | |
ステープル	フィラメント	ステープル	フィラメント	ステープル	フィラメント	ステープル	フィラメント
4.1～5.7	3.8～5.3	2.2～4.4	3.1～4.9	1.9～3.5	4.4～7.9	4.0～6.6	4.0～6.6
4.1～5.7	3.8～5.3	1.8～4.0	2.8～4.8	1.9～3.5	4.4～7.9	4.0～6.6	4.0～6.6
100	100	80～100	90～100	90～100	100	100	100
6.0～8.8	6.2～8.8	2.1～5.3	2.6～7.0	1.8～4.0	5.5～11.4	7.0～12.3	7.0～10.6
3.5～4.4	3.3～3.9	1.8～3.5	1.8～3.5	1.5～3.5	3.1～5.0	3.5～5.7	3.5～4.8
20～50	20～40	25～50	12～20	25～45	8～35	30～60	25～60
20～50	20～40	25～60	12～20	25～45	8～35	30～60	25～60
90～99	95～100	90～95	70～95	85～95	85～97	90～100	
22～62	79～141	22～55	34～75	18～49	31～88	18～49	35～106
310～870	1100～2000	260～6500	400～900	250～600	300～850	160～450	330～1000
1.38		1.14～1.17		1.28	0.94～0.96	0.91	
0.4		2.0		2.0	0	0	
0.4～0.5		1.2～2.0		0.6～1.0	0	0	
20% RH:1.0～0.3 95% RH:0.6～0.7		20% RH:0.3～0.5 95% RH:1.5～3.0		20% RH:0.1～0.3 95% RH:1.0～1.5	20% RH:0 95% RH:0～0.1	20% RH:0 95% RH:0～0.1	
軟化点:238～240℃ 溶融点:255～260℃		軟化点:190～240℃ 溶融点:明りょうでない		軟化点:150℃ 溶融点:明りょうでない	軟化点:100～115℃ 溶融点:125～135℃	軟化点:140～160℃ 溶融点:165～173℃	
溶融しながら徐々に燃焼する。溶けた球は冷えると黒褐色の塊となる。自燃性なし		収縮溶解しながら燃焼する。黒い塊状で硬い。		収縮溶解しながら燃焼する。黒い塊状で硬い	溶融しながら徐々に燃焼する。(殆ど灰は残らない)	溶融しながら徐々に燃焼する。(殆ど灰は残らない)	
強度殆ど低下しない		強度殆ど低下しない		強度殆ど低下しない	強度は殆ど低下しない	強度は殆ど低下しない	
35% 塩酸、75% 硫酸、60% 硝酸では強度は殆ど低下しない		35% 塩酸、65% 硫酸、45% 硝酸では強度は殆ど低下しない		35% 塩酸、70% 硫酸、40% 硝酸では強度は殆ど低下しない	濃硫酸、濃硝酸では強度は殆ど低下しない	濃硫酸、濃硫酸、濃硝酸では強度は殆ど低下しない	
10% 苛性ソーダ溶液、28% アンモニア溶液では強度殆ど低下しない。		50% 苛性ソーダ溶液、28% アンモニア溶液では強度は殆ど低下しな		50% 苛性ソーダ溶液、28% アンモニア溶液では強度殆ど低下しない	50% 苛性ソーダ溶液で強度は殆ど低下しない。	50% 苛性ソーダ溶液、28% アンモニア溶液では強度は殆ど低下しない。	
一般的に良好な抵抗性あり		一般的に良好な抵抗性あり		一般的に良好な抵抗性あり	殆ど変化しない	殆ど変化しない	
一般溶剤には溶解しない。熱m—クレゾール、熱o—クロロフェノール、熱ニトロベンゼン、熱ジメチルホルムアミド、40℃フェノール・四塩化エタン混合液に溶解する		一般溶剤には溶解しない。ジメチルホルムアミド、ジメチルスルホキサイド、熱飽和塩化亜鉛、熱65% チオシアン酸カリ溶液に溶解する		アセトンを除く一般溶剤には溶解しない。アセトン、ジメチルホルムアミド、ジメチルスルホキサイド、シクロヘキサノンに溶解する	アルコール、エーテル、アセトンには溶解しない。ベンゼン、ガソリンには高温時膨潤する。パークレン、四塩化エタンには高温時徐々に溶解する	アルコール、エーテル、アセトンには溶解しない。ベンゼンには高温時膨潤する。芳香族炭化水素、シクロヘキサノン、モノクロルベンゼン、テトラリン、キシレン、トルエンには高温時徐々に溶解する	
一般に用いられる染料:分散、顕色性分散 特殊タイプに用いられる染料:カチオン		一般に用いられる染料:カチオン、塩基性、分散 特殊タイプに用いられる染料:酸性、金属錯塩		一般に用いられる染料:カチオン、塩基性、分散	一般に顔料による原液染を行う	一般に顔料による原液染および分散染料(ポリプロピレン用)による染色も可能。特殊タイプに用いられる染料:酸性	
完全に抵抗性あり		完全に抵抗性あり		完全に抵抗性あり	完全に抵抗性あり	完全に抵抗性あり	

附表Ⅱ　繊維の性能表4

			ポリウレタン(スパンデックス) フィラメント	ポリクラール ステープル
1	引張強さ (cN/dtex)	標　準　時	0.5 〜 1.1	2.5 〜 2.9
2		湿　潤　時	0.5 〜 1.1	1.8 〜 2.0
3	乾湿強力比(%)		100	6.8 〜 7.3
4	引掛強さ(cN/dtex)		1.1 〜 1.6	1.5 〜 1.8
5	結節強さ(cN/dtex)		0.4 〜 0.8	1.2 〜 1.5
6	伸び率(%)	標　準　時	450 〜 800	24 〜 25
7		湿　潤　時	450 〜 800	20 〜 24
8	伸長弾性率(%)(3%伸長時)		95 〜 99(50%伸長時)	80 〜 90
9	初期引張抵抗度 (見掛ヤング率)	(cN/dtex)		22 〜 31
10		(kg/mm²)		200 〜 400
11	比　重		1.0 〜 1.3	1.32
12	水分率(%)	公　定	1.0	3.0
13		標準状態 (20℃,65%RH)	0.4 〜 1.3	2.5 〜 3.8
14		その他の状態 (20℃,20%RH) (20℃,95%RH)		20% RH:1.6 〜 2.1 95% RH:5.3 〜 6.6
15	熱の影響および燃焼の状態		溶融点:200 〜 230℃ 溶融しながら徐々に燃焼する。冷えると粘着性を有するゴム状の塊となる。自燃性なし	軟化点:180 〜 200℃ 溶融点:明りょうでない 溶収縮開始温度:170〜180℃ 軟化収縮しながら黒褐色の不整形の塊となる。自燃性なし
16	耐候性(屋外暴露の影響)		強度やや低下し、やや黄変する	強度は殆ど低下しない。
17	酸の影響		強酸で強度殆ど低下しない	15％ 塩酸、30％ 硫酸、30％ 硝酸では強度は殆ど低下しない
18	アルカリの影響		強アルカリで強度殆ど低下しない	50％ 苛性ソーダ溶液、28％ アンモニア溶液では強度殆ど低下しない
19	他の化学薬品の影響		塩素系漂白剤で強度低下し黄変する。ドライクリーニング剤に対して抵抗性がある	次亜塩素酸塩には侵されるがその他の化学薬品には一般に良好な抵抗性あり
20	溶剤の影響 　一般溶剤：アルコール、エーテル、 ベンゼン、アセトン、ガソリン、パークレン		一般溶剤には殆ど変化しない。 温ジメチルホルムアミドには膨潤ないしは溶解する	一般溶剤には溶解しない
21	染色		含金属,酸性,分散,クロム染料等で染色可能	一般に用いられる染料：分散、カチオン、金属錯塩、硫化、ナフトール、バット
22	虫・かびの影響		抵抗性あり	完全に抵抗性あり

その他化学繊維			
芳香族ナイロン(アラミド)*	炭素繊維		
	フィラメント		
ステープル	普通	高強度	
4.0 ～ 4.9	2.8 ～ 6.7 (50 ～ 120 kg/mm^2)	14.1 ～ 28.2 (250 ～ 500 kg/mm^2)	1
3.2 ～ 4.1			2
80 ～ 90			3
3.5 ～ 4.0			4
3.3 ～ 3.8			5
35 ～ 50	1.5	1.2 ～ 1.8	6
40 ～ 55			7
75 ～ 85			8
50 ～ 72	280 ～ 560	1100 ～ 1600	9
700 ～ 1000	5000 ～ 10000	20000 ～ 29000	10
1.37 ～ 1.38	1.57 ～ 1.65	1.76 ～ 1.79	11
5.5			12
5.2 ～ 5.5	2 ～ 12	0	13
20% RH:2.5 ～ 3.0 95% RH:7.0 ～ 8.0			14
軟化、溶融しない。 400 ～ 430℃で徐々に分散炭化する。黒または 褐色の硬い塊となる。自燃性なし	酸素中300℃で酸化開始。 窒素中2000℃まで不変。 喑で赤熱		15
強度はやや低下し、やや黄変する	強度は低下しない		16
35% 塩酸、70% 硫酸、50% 硝酸では強度は 殆ど低下しない	影響なし		17
50% 苛性ソーダ溶液、28% アンモニア溶液で は強度殆ど低下しない	影響なし		18
一般に良好な抵抗性あり	影響なし		19
一般溶剤には溶解しない。 濃硫酸に膨潤溶解する	影響なし		20
一般に顔料による原液染を行う。カオチン染 料による染色も可能	染色できない		21
完全に抵抗性あり	完全に抵抗性あり		22

(註)＊はメタ型の性能を示す

附表Ⅲ 繊維識別のための各種繊維の性質表

	燃　焼　試　験					塩素の有無	窒素の有無
	炎に近づけるとき	炎の中	炎から離れたとき	臭	灰		
綿	炎に触れると直ちに燃える	燃える	燃焼を続け、非常に速やかに燃える。残照がある	紙の燃えるにおい	非常に小さく柔らかくて灰色	無	無
麻 （亜麻及び苧麻）	同　上	同　上	同　上	同　上	同　上	無	無
絹	縮れて炎から離れる	縮れて燃える	羊毛に似ているが、ややひらめいて燃える	毛髪の燃えるにおい	黒く膨れがあり、もろく容易につぶれる	無	有
羊毛	同　上	同　上	困難ながら燃焼を続け、燃えるに先立って縮れる	同　上	同　上	無	有
レーヨン	炎に触れると直ちに燃える	燃える	燃焼を続け、非常に速やかに燃える。残照はない	紙の燃えるにおい	ダルでなければ灰はほとんど残らない	無	無
（ポリノジック）	同　上	同　上	同　上	同　上	同　上	無	無
キュプラ	同　上	同　上	同　上	同　上	同　上	無	無
アセテート	溶融し炎から離れる	溶融して燃える	溶融しながら燃焼を続ける	酢酸臭	黒く硬くてもろい不規則な形	無	無
トリアセテート	同　上	同　上	同　上	同　上	同　上	無	無
ビニロン	縮んで溶融する	溶融して燃える	同　上	ポリビニルアルコールの燃えるときの特有の甘いにおい	硬くて焦茶色の不整形の塊状	無	無
ナイロン	溶融する	同　上	燃焼を続けない	アミド特有のにおい	硬く焦茶色から灰色のビーズ	無	有
ビニリデン	縮れて炎から離れる	溶融し煙を上げて燃える。基部は緑色を呈す	同　上	ぴりっとした刺激臭	もろい不規則な黒塊	有	無
ポリ塩化ビニル	同　上	溶融し黒煙を上げて燃える	同　上	ビニリデンに似ているが弱い	同　上	有	無
ポリエステル	溶融する	溶融して燃える	燃焼を続ける	非常に甘いにおい（弱い）	硬く丸い黒色	無	無
アクリル	溶融して着火する	同　上	速やかに燃える	肉を焼いたときのにおいにやや似ている	硬く黒く不ぞろい	（無）	有
アクリル系	縮れて炎から離れる	溶融し黒煙を上げて燃える	燃焼を続けない	せっけんを焼いたにおいにやや似ている	もろい不規則な黒塊	（有）	有
ポリプロピレン	同　上	溶融し煙を上げながら緩やかに燃える	緩やかに溶融しながら燃える	パラフィンの燃えるにおいに似ている	硬く灰色のビーズ	無	無
ポリウレタン	溶融する	溶融して燃える	燃焼を続けない	特異臭	粘着性をもつゴム状の塊	無	有
ベンゾエート	同　上	溶融し黒煙を上げて燃える	燃焼を続ける	非常に甘いにおい（弱い）	硬く焦茶色の塊状	無	無
ポリクラール	縮れて炎から離れる	同　上	燃焼を続けない	甘い刺激臭	黒いまわりに焦茶色	有	無
アラミド （Aタイプ）	赤熱するが、有炎燃焼しない	赤熱する	赤熱が消える	甘い刺激臭	繊維状のまま、黒い灰が残る	無	有
アラミド （Bタイプ）	縮れて、炎から離れる	縮れて、燃える	燃焼を続けない	甘いにおい	黒く、硬く、もろい	無	有
アラミド （Cタイプ）	赤熱し、炎を上げて燃える	燃える	しばらく燃えるがやがて自消する	甘ずっぱいにおい	黒く、硬く、もろい	無	有

（註）　1. レーヨン以下の繊維の顕微鏡的外観は、標準品質についての性質であり、改質された繊維にあっては異なる場合が多い。
　　　　2. 塩素の有無の欄中（　）のものは、タイプによって異なる場合がある。
　　　　3. アラミドの窒素の有無の確認については、リトマス紙の変色反応がわずかであり、注意が必要である。

出所：JIS L 1030 繊維混用率試験方法 参考表1

| 顕微鏡的外観 | | よう素・よう化カリウム溶液による着色 | キサントプロテイン反応 | 主な溶剤 |
側面	断面			
へん平なリボン状で全長によじれや天然のねじれがある（マーセル化しない）	そら豆型、馬てい型など種々のもので中央付近や中空部分がある（マーセル化するとほぼ丸くなる）	着色せず（マーセル化繊維は淡青色）	無	70% 硫酸（煮沸）、銅アンモニア溶液
繊維軸方向に繊条があり、所々に節をもつ両端は中細の円で中空部は長い中空である	断面は多角形で中空部分がある、亜麻はへん平な扁円形で中空部は狭い	着色せず	無	同上
表面は滑らかで変化がない	三角形	青色	無	5% 水酸化ナトリウム溶液、次亜塩素酸ナトリウム溶液、60% 硫酸、35% 塩酸、銅アンモニア溶液
うろこが認められる	円形のものが多い	淡黄色	無	5% 水酸化ナトリウム溶液、次亜塩素酸ナトリウム溶液（煮沸）、銅アンモニア溶液
繊維軸方向に数本の繊条が走っている	輪郭は不規則な花弁状	黒緑褐色	無	60% 硫酸、35% 塩酸、銅アンモニア溶液
表面は滑らかである	円形	同上	無	同上
繊維軸方向に1〜2本の繊条が走っている	同上	焦茶色	無	同上
同上	クローバーの葉状	同上	無	アセトン、水酸化銅
中央部に繊維軸方向に走る白い繊条が認められる	歯状コア層の存在が認められる、円形のものがある	同上	無	70% 硫酸、塩化メチレン
表面は滑らかである	円形のものが多い	濃〜暗青色	無	20% 塩酸、ぎ酸、45% 硫酸
同上	同上	焦茶色	無	20% 塩酸、水酸化銅（煮沸）、60% 硫酸
種類が多く一様ではないが表面が滑らかである	円形のものが多いが表面がハート形のものもある	着色せず	無	デカヒドロナフタリン・キシレン（煮沸）、ジメチルホルムアミド（50〜60℃）、クロロベンゼン（煮沸）
繊維軸方向に1本の繊条が走っている	同上	同上	無	デカヒドロナフタリン・キシレン（煮沸）、ジメチルホルムアミド（常温）、クロロベンゼン（煮沸）
表面は滑らかである	同上	同上	無	m-クレゾール（温液）、ジメチルホルムアミド（40〜50℃）、ニトロベンゼン（煮沸）
同上	円形のものが多いが表面がハート形のものもある	焦茶色	無	ジメチルホルムアミド（40〜50℃）、65% チオシアン酸カリウム（70〜75℃）
種類が多く一様ではない	馬てい型	焦茶色	無	アセトン（40〜50℃）、ジメチルホルムアミド（40〜50℃）
同上	円形	着色せず	無	キシレン（煮沸）、クロロベンゼン（煮沸）
種類的が多く一様ではない	三角形	焦茶色	無	80% 硫酸（タイプにより異なる）、ジメチルホルムアミド（煮沸）
繊維軸方向に太い繊条が走っている	まゆ状	着色せず	無	m-クレゾール（煮沸）、フェノール四塩化エタン混合液（煮沸）
表面は滑らかで変化がない、節々のものが見られる場合がある	円形	無	無	
表面は滑らかで繊維軸方向に1本の繊条が走っている	ハート形に近い	無	無	
同上	円形	濃〜暗青色	無	

附表IV　化学繊維製造工程図

出所：繊維ハンドブック(2004)／日本化学繊維協会

1. レーヨン

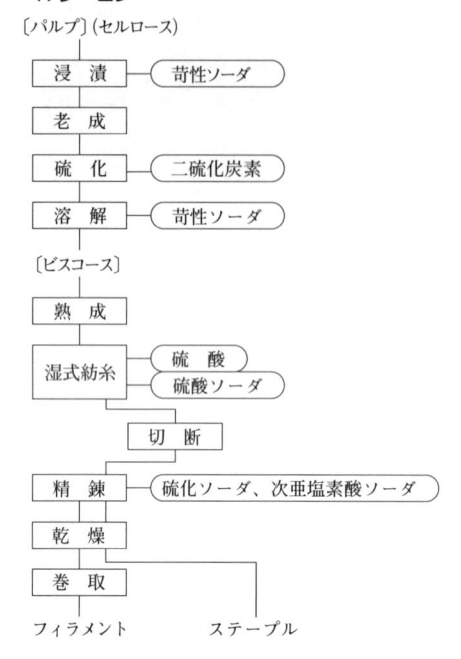

〔パルプ〕(セルロース)

浸　漬 ── 苛性ソーダ

老　成

硫　化 ── 二硫化炭素

溶　解 ── 苛性ソーダ

〔ビスコース〕

熟　成

湿式紡糸 ── 硫酸 / 硫酸ソーダ

切　断

精　錬 ── 硫化ソーダ、次亜塩素酸ソーダ

乾　燥

巻　取

フィラメント　　　ステープル

2. キュプラ

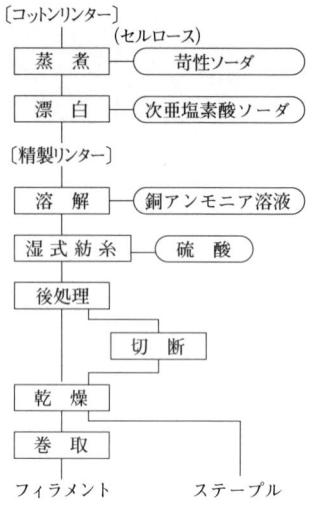

〔コットンリンター〕(セルロース)

蒸　煮 ── 苛性ソーダ

漂　白 ── 次亜塩素酸ソーダ

〔精製リンター〕

溶　解 ── 銅アンモニア溶液

湿式紡糸 ── 硫酸

後処理

切　断

乾　燥

巻　取

フィラメント　　　ステープル

3. アセテート、トリアセテート

〔アセテートフレークス〕

(アセテート：二酢酸セルロース / トリアセテート：三酢酸セルロース)

溶　解 ── アセトン

(トリアセテートは　メチレンクロライド)

乾式紡糸

捲　縮

巻　取　　　切　断

フィラメント　　　ステープル

220

4. ナイロン6

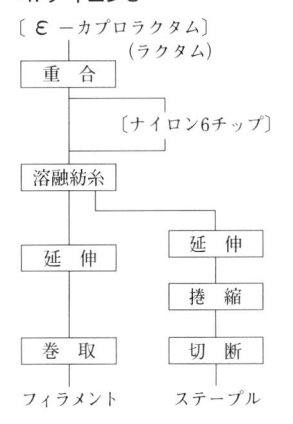

〔ε－カプロラクタム〕
　　　　（ラクタム）

重　合

　　〔ナイロン6チップ〕

溶融紡糸

延　伸　　　延　伸

　　　　　捲　縮

巻　取　　　切　断

フィラメント　ステープル

5. ナイロン66

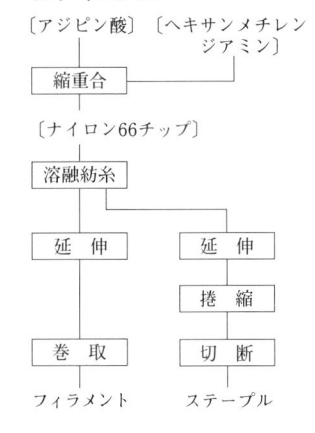

〔アジピン酸〕〔ヘキサンメチレン
　　　　　　　　ジアミン〕

縮重合

〔ナイロン66チップ〕

溶融紡糸

延　伸　　　延　伸

　　　　　捲　縮

巻　取　　　切　断

フィラメント　ステープル

6. アクリル, アクリル系

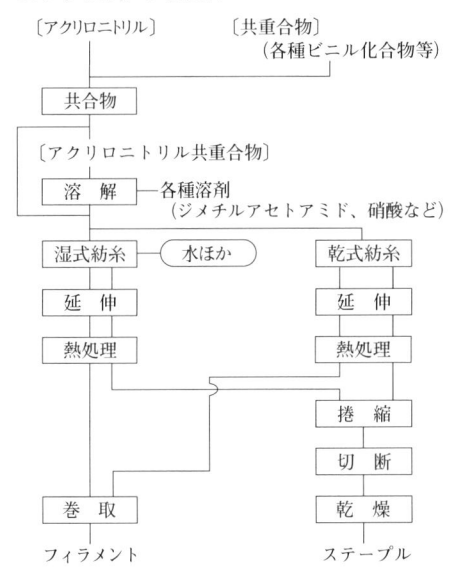

〔アクリロニトリル〕　　〔共重合物〕
　　　　　　　　　　　　（各種ビニル化合物等）

共合物

〔アクリロニトリル共重合物〕

溶　解──各種溶剤
　　　　　（ジメチルアセトアミド、硝酸など）

湿式紡糸　（水ほか）　　乾式紡糸

延　伸　　　　　　　　　延　伸

熱処理　　　　　　　　　熱処理

　　　　　　　　　　　　捲　縮

　　　　　　　　　　　　切　断

巻　取　　　　　　　　　乾　燥

フィラメント　　　　　ステープル

7. ポリエステル

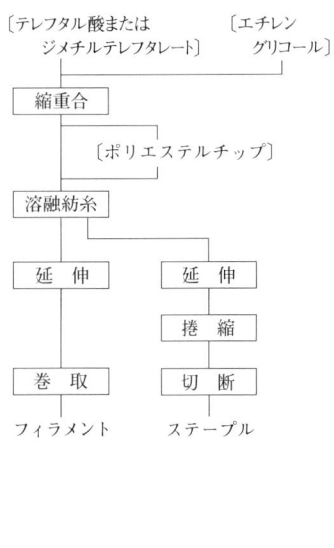

〔テレフタル酸または　　〔エチレン
　ジメチルテレフタレート〕　グリコール〕

縮重合

　　〔ポリエステルチップ〕

溶融紡糸

延　伸　　　延　伸

　　　　　捲　縮

巻　取　　　切　断

フィラメント　ステープル

8. ポリウレタン

〔アジピン酸〕　〔グリコール類〕　〔テトラ　ヒドロフラン〕

縮　合　　　　　縮　合

〔ポリエステル〕　　〔ポリエーテル〕

〔ジイソシアネート〕

反　応　　　　反　応

〔ヒドラジンなど〕　〔線状プレポリマー〕

重　合　　　溶　解 ─ アセトンなど

乾式紡糸　　湿式紡糸 ─ エチレンジアミンなど

延　伸

巻　取

フィラメント

9. ビニロン

〔ビニルアルコール〕

溶　解 ─ 水

湿式紡糸 ─ 硫酸ソーダ

延　伸

熱処理

アセタール化 ─ ホルマリン

捲　縮

巻　取　　　切　断

フィラメント　　ステープル

附表V　仮撚り加工工程図　　出所：繊維ハンドブック(2004)／日本化学繊維協会

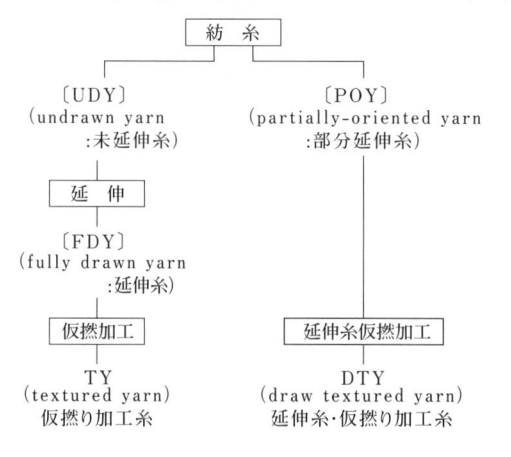

附表Ⅵ　紡績工程図

出所：繊維ハンドブック(2004)／日本化学繊維協会

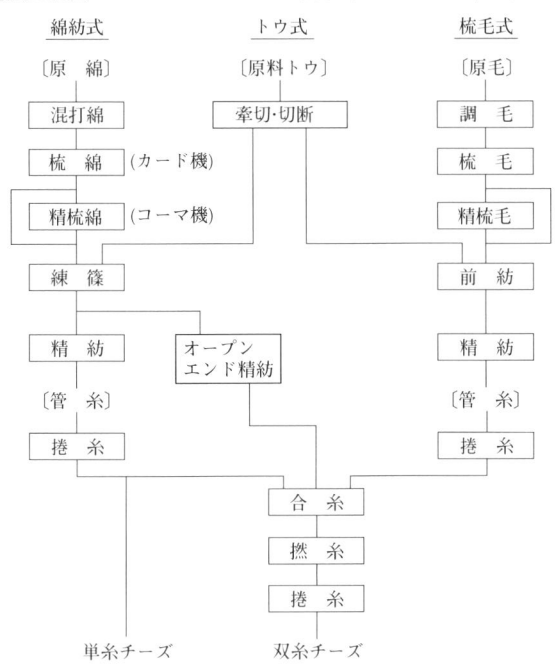

索　引

著者紹介

鈴木 美和子（すずき みわこ）　杉野服飾大学　テキスタイルデザインコース教授

1975 年　杉野女子大学（現 杉野服飾大学）卒業、在学中より織物に興味を持ちアパレル
　　　　　素材の「産地めぐり」を始める。八王子、村山大島などの工房に通う。
1982 年　大学での教育・研究の傍ら京都・川島テキスタイルスクールに約 13 年間短期研
　　　　　修を重ね技術の習得、作品制作を続けた。
2000 年　女子美術大学大学院美術専攻　織　修士課程修了
2018 年　ウール素材の織物制作及び産地調査・研究継続

軽部 幸恵（かるべ ゆきえ）

1992 年　実践女子大学大学院家政学研究科修士課程修了　実践女子大学助手
1995 年　博士（工学）取得（東京工業大学）
1997 年〜実践女子大学、共立女子大学、東京田中短期大学、青葉学園短期大学等にて非常
　　　　　勤講師
2007 年〜杉野服飾大学専任講師、准教授
2014 年〜杉野服飾大学、共立女子大学、東洋美術専門学校、神奈川県立高校にて非常勤講
　　　　　師、現在に至る。

徳武 正人（とくたけ・まさと）元・杉野服飾大学講師

1960 年　信州大学繊維学部卒業。通商産業省に入省、繊維局、工業技術院などに勤務。
1971 年　日本貿易振興会（JETRO）出向、リオ・デ・ジャネイロ事務所長
1977 年　国際協力事業団（JICA）に出向。
1979 年　通商産業省生活産業局繊維検査管理官
1984 年　退官し、日本絹人繊織物工業組合連合会専務理事
1998 年　杉野服飾大学講師、2006 年退職。

三代 かおる（みよ かおる）

1983 年　お茶の水女子大学家政学部被服学科卒業
1985 年　お茶の水女子大学大学院家政学研究科修士課程修了
1986 年　お茶の水女子大学家政学部助手
1999 年　埼玉大学、放送大学、江戸川大学総合福祉専門学校、中央介護福祉専門学校、東
　　　　　京女子医科大学看護専門学校、非常勤講師
2006 年　お茶の水女子大学大学院人間文化研究科博士課程退学
2015 年　杉野服飾大学非常勤講師、現在に至る。

新版 アパレル素材の基本

2018 年 3 月 30 日　　初　版　第 1 刷発行
2024 年 4 月 1 日　　　　　　　第 3 刷発行

著　　　者　　鈴木 美和子・軽部 幸恵・徳武 正人・三代 かおる
発 行 者　　佐々木 幸二
発 行 所　　繊研新聞社
　　　　　　　〒 103-0015　東京都中央区日本橋箱崎町 31-4　箱崎 314 ビル
　　　　　　　TEL. 03 (3661) 3681　　FAX. 03 (3666) 4236
制　　　作　　スタジオ スフィア
印刷・製本　　中央精版印刷株式会社
乱丁・落丁本はお取り替えいたします。